最牦牛

吴雨初 著

北京十月文艺出版社

西藏人民出版社

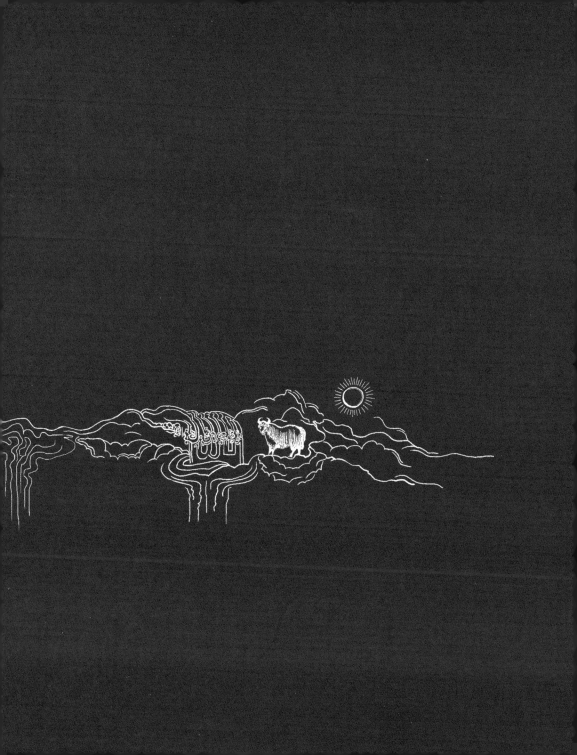

这是我在1985年1月拍摄的一张照片

1

中国青藏高原。长江源头，与格拉丹冬相望的雀莫山。一具牦牛干尸。干寒的风吹过，留下一层层沙砾。那曾是一头役用驮牛。很多年前，它驮着牧人的家，走在这条古道上。它用尽了最后的气力，倒在驮运路上。但它的头颅和不屈的双角，至死还朝着前进的方向。

这是我在1985年1月拍摄的一张照片。当时，我刚过30岁，是西藏那曲地区文化局副局长。我们正在拍摄藏北历史上第一部纪录影片《万里藏北》。我自己只有一部傻瓜相机，还买不起胶卷，是从摄制组用的电影胶片剪下一段，在暗袋里装进胶卷盒。多年以后，请同事刘庆华帮忙，在北京798用高清扫描仪复制出来。

这张照片挂在我北京的办公室里。办公室接近京城中轴线，窗下就是始建于17世纪的著名的黄寺，那里还有六世班禅的衣冠冢。我将此看作是我与西藏的缘分。天气晴好的时候，能从办公室看到半个北京城。或许在这座特大型现代化城市待得太长久了，经历了那么多京城风云，透过用钢筋水泥浇筑的森林，我常常会因为这张照片，内心有一种莫名的震撼，越发想念那片冰雪覆盖的高原大地——我青年时

牦牛铜雕和布达拉宫

代的 16 年, 就是在那里度过的。

　　为了减轻重重高楼和茫茫人海的压力, 我们几个朋友在北部郊区的翠湖上庄租住农民的简易房屋, 在那里生活了近 10 年。那是一个普通的北方村镇, 有一座水库, 人们管它叫翠湖。在那里可以与土地、河流、湖泊、山脉近距离接触, 可以看到更多的星星, 呼吸到更为新鲜的空气, 与城市有着不同的环境, 虽然我每天上下班往返达 70 多公里之遥。

　　我的近邻中, 有 3 位博物馆馆长: 首都博物馆原馆长赵其昌老先生, 香港文化馆原总馆长严瑞原老先生, 首都博物馆时任馆长韩永先生。从与他们的交往中, 我获得了许多关于博物馆的知识, 间接地了解到当代博物馆的一些理念。虽然我也曾到过国内外许多博物馆，还以官员身份参加过首都博物馆新馆的开工仪式，但从未想过博物馆与我自己会有什么联系。

跟这些学富五车的人文知识分子，我原本是没有什么谈资的，除了我本人年轻时代在西藏高原的经历，而他们恰恰对此还很有兴趣。翠湖有一个"不求甚解"读书会，我凭着自己的一知半解，讲过西藏的活佛转世制度。

因为早年在西藏的16年生活和工作经历，年过半百之后，更加怀念曾经的岁月，常常会在梦里见到那里的雪山和草原。我差不多每年都要回西藏一次，在布达拉宫下，在八廓古街，在拉萨河畔，我总觉得自己不应该是高原的过客，总觉得自己的后半生会与西藏联系在一起的。

2

有一段往事的情景，经常会出现——

那是1977年冬天。那是我从江西师范大学毕业进藏的第二年。我从那曲地区回嘉黎县的路上。那条简易公路，必须经过一座叫阿伊拉的雪山。那条山沟是一个风口。每逢下雪，狂风就会把雪卷到山沟里来。那年的雪比较大，嘉黎县的牧区遭到雪灾。当时没有县际公共班车，我是搭了一辆装运抗灾饲料的卡车。到了阿伊拉，这里的局部积雪达到4米之深。我们的车被误在这里。地区派了一部铲雪车，也瘫在这里了。总共有20多辆车，50多个人，能够避寒的只有一间小小的土坯屋子，那是养护公路的道班房。我们50多人，在零下30摄氏度的严寒中，饿着肚子，支撑了五天四夜。那时候，地区与县之间的联络，只能靠老式的军用电台。一番联系后，县里知道我们被误在阿伊拉了。于是，县里紧急地敲响了挂在食堂外的以废弃的汽车钢圈做的钟，把全县的干部职工（实际上也只有二三百人）召集起来，要求各家各户连夜烙饼子，集中后送往100多公里外的阿伊拉山。先是用县领导坐的北京吉普车送，到了桑巴区的雪地，汽车走不了了，再由桑巴区派马驮着饼子走；积雪都齐马肚子了，马也走不了了，再由林堤乡派出一群牦牛。前面的牦牛在积雪中蹚开一条路，后面的牦牛驮着几麻袋饼子。在我们几近绝望时，看到雪际出现一片黑点，知道县里派的救兵到了。被困的人们捧着饼子时，看着在雪地喘着热气的牦牛，很多人都哭了，都说是牦牛救了我们的命……

在繁华的北京，回忆起这段往事，似乎有一种不真实的感觉。但是，时过境迁，那雪地牦牛憨厚的模样，仿佛就在眼前。

2010年翠湖上庄的一个冬夜，在辗转反侧之间，堆积了博物馆学家们那些理念，夹杂着西藏高原的那些意象，懵懂入梦。梦幻中，在一个笔记本电脑的蓝色屏幕上，牦牛和博物馆两个词，像动画一般，一个从左边、一个从右边，奇异地拼在了一起——组合成为"牦牛博物馆"！

天哪！

我被自己的梦惊醒了，激动不已，像是意外获得了一个宝物，一个对谁都不能泄露的天机，揣在自己的怀里，独自享受这样一个秘密。

那段时间，我正在北京市委党校参加正局级干部进修班。"牦牛博物馆"这个词组一次次地撞击着自己的心灵，所有与西藏相关的人和事、意象和理念，都与"牦

麦地卡高原

牛博物馆"联系起来了。在观园楼宿舍里，我整夜都在互联网上搜索着与牦牛相关的资料。我看到，十世班禅大师生前考察青海牧区时说"没有牦牛就没有藏族"，一句话点到牦牛博物馆的主题。藏文教科书上引用的谚语"凡是有藏族的地方就有牦牛"，说明了牦牛与藏族的关系。《斯巴宰牛歌》更是把牦牛与创世说连在了一起。就这样，"牦牛博物馆"这个词组被不断地丰富起来。在这一个月当中，我几乎没有怎么睡觉。我自己学着做PPT，形成了最早的牦牛博物馆的创意。上庄的邻居朋友陈浩后来帮我从技术上把这个PPT做了美化。

这个创意包括：

创建牦牛博物馆的政策依据；

藏族历史中关于牦牛的记载、传说；

牦牛的数量、品种与分布；

牦牛与藏族；

牦牛与文化；

为什么要建一座牦牛博物馆；

牦牛博物馆的宗旨、性质与设想。

创意的核心就是，通过牦牛这个载体，呈现牦牛所驮载的西藏历史和文化，形成一个与藏传佛教所不同的西藏文化符号。这个创意虽然后来经过了无数次修改，但最初的想法没有被否定，而是不断地丰富。

牦牛博物馆创意PPT

　　终于有一天，我怀着既激动又不安的心情，在上庄的"观听堂"向韩永馆长第一次披露牦牛博物馆的创意时，韩永表示出极大的惊讶。他几乎不能想象，这个与博物馆完全无关的人，怎么突然萌发一个博物馆的创意。而作为博物馆专家，事实上，他不久前还专程去西藏高原，并且对牦牛留下了极为深刻的印象。于他而言，"牦牛"与"博物馆"这两个词的组合，仅仅差了一步。看着我的创意PPT，这位博物馆专家完全不是从博物馆的专业和技术层面评判，而是从博物馆的宏观思想层面，给予了充分的肯定。他认为，牦牛与藏族的关系，是人类文明进程宏伟篇章中的一个独特故事。这将是一个人类学意义上的博物馆。

韩永还多次组织了博物馆人士来观看讨论我的创意。但很少有人像韩永本人那样来评价这个创意，不少人对于我这样毫无博物馆专业背景、没有博物馆技术基础的人提出这样的创意，事实上持极大怀疑，或者说，这是根本不可能的事情。但是韩永坚定地认为，这是一个好的创意，将会是一个非常特别的博物馆。

我更希望这个创意能够得到藏族人士的认可。那段时间，我分别拜访了当时云南省委副书记，也曾是西藏自治区党委副书记丹增；当时西藏自治区副主席，后来的自治区主席洛桑江村；曾经担任过甘肃省委常委、省人大常委会副主任，时任中国藏学研究中心副总干事的洛桑·灵智多杰，他们都是优秀的高级干部，同时也对藏族文化有着深刻的了解。他们一致认为，这个博物馆的创意非常好，对于保护和传承藏族文化有着重要的意义。记得丹增先生听完我的汇报，激动地摘下帽子（他参加中央全会都不摘帽的），摸着自己光亮的脑袋说：啊呀，我就是喝牦牛奶、吃牦牛肉、住牦牛毛帐篷、骑牦牛长大的，我怎么就没想到要做一个牦牛博物馆呢？

我还向西藏自治区原党委书记阴法唐老将军、西藏军区原司令员姜洪泉老将军请教，他们告诉我，在进军西藏的过程中，藏族群众赶着数万头牦牛来支持部队进藏。事实上，在中国工农红军长征到达藏区，红军最为艰难的时候，藏族人民就向红军赠送了数百头牦牛。

后来，我还在各种不同的场合，征求了很多朋友的意见，也得到了他们的肯定。我在上庄的另一位邻居是西藏旅游股份公司的董事长欧阳旭，他给我支的招更实在，因为他知道我身无分文，本质就是一个穷酸诗人。所以，他建议我，向北京市委汇报时，一定要争取把牦牛博物馆项目纳入到北京援藏项目当中去。

至此，牦牛博物馆的创意成立了。

3

于是，我决定向北京市委提出辞职。

创意是一首诗，但也只是一首诗，如果不能实现它，创意就只是一堆废弃的文字和图片而已。

我规划好了，2011年，我57岁。用3年时间建成博物馆，在2014年，我60岁法定退休年龄时完成使命。

20年前，我从西藏调来北京。从市委宣传部的一名普通干部，到北京市委副秘书长，用了10年时间，再到北京出版集团担任党委书记、董事长，又是10年。从高原来到都市，从不适应，到适应，再到不适应，但无论如何，还没想过要离开北京。

这是一次重要的人生转折，甚至是一次孤注一掷的冒险。我并不知道，一个57岁的人进藏，身体能不能适应；我并不知道，建立一座博物馆，钱从哪里来，藏品去哪里找，谁来跟我一起干，我会遭遇什么。

　　我只知道，必须抛开所有的一切，才有可能去实现那个创意。

　　我要辞职的决定，让很多人不解，甚至认为，这老头的脑子出问题了！

　　北京市委的领导和相关部门出于对一个干部的负责，对此十分慎重。辞职的手续和离任审计办了好几个月。

　　蔡赴朝，当时的市委常委、宣传部部长、副市长，从个人关系而言，我也算是他的朋友。他将我找到办公室，询问我为什么要辞职，如果是希望换换工作岗位的话，他完全可以提供帮助。但是，当我把预备好的牦牛博物馆创意ＰＰＴ向他汇报时，他内心深处的人文情怀被激荡起来，他甚至还没有听完我的汇报就站起来了，说：好了，好了，我明白，你这个事太有意义了，比当局长、当部长还有意义！我理解你，支持你！但是，你这个级别的干部，特别是一把手，要辞职还要市委主要领导同意。

　　于是，我请当时的中央政治局委员、北京市委书记刘淇安排听取汇报，约见的时间预定为１０分钟。我打开笔记本电脑播放ＰＰＴ时，刘淇同志很有兴趣，因为他曾经率领北京市党政代表团去西藏，看望那里的援藏干部，据说他感动得几次流下眼泪。ＰＰＴ播放之后，他对此做出了高度评价，认为北京的援藏工作应当有永久性矗立在高原古城拉萨的标志性项目。他询问我，需要什么支持？我说，我自己两袖清风一辈子，靠自己是做不了博物馆的，希望将此列入北京市的援藏项目。刘淇同志问我，你个人是否需要挂一个职务？我说，不需要，只要组织支持，我自己去干就行了。刘淇同志当晚做出批示："请金龙同志阅，雨初同志的设想有创意，丰富了支持拉萨工作的内涵，请研究给予支持的措施。"那天的汇报超过了４０分钟。

　　当时的北京市市长郭金龙同志，曾经在西藏工作多年，担任过西藏自治区党委书记。我与他虽然没有工作上的交集，但我两次作为北京市党政代表团成员进藏，都得到过他的接见和接待，当他来到北京工作后，曾在机关几次遇见他，他的记忆力超强，一见面就称我为"老西藏"。在市长办公室，他一见我就问，老西藏，听说你不想干了？当我向他播放牦牛博物馆创意PPT时，他非常理解，那些画面对于他来说，非常熟悉、非常亲切。特别是当我强调，牦牛文化要早于、高于、普于、大于后来的藏传佛教文化，是更为久远和广泛的西藏民族民间文化时，郭金龙说，我跟你的看法完全一致！他告诉我，为了庆祝西藏和平解放50周年，北京市决定，在日常援藏资金之外，拨出5亿元（后来实际投资达到7.8亿元），由北京援藏拉萨指挥部兴建一座7万平方米的拉萨市群众文化体育中心。牦牛博物馆这个项目，另外增加投资有困难，但可以加进这个大项目当中。

　　当我走出北京市政府大院时，心情真是太好了！不单解决了我的辞职问题，更重要的是牦牛博物馆这个项目，从建筑上有着落了，不需要我自己找资金、跑规划，乃至于设计、建筑的招投标了。如果是一个常规项目，光跑这些就得几年时间啊！

　　离开北京前，我的老领导，北京市委原副书记李志坚、北京市人大常委会主任杜德印、北京市委原副书记龙新民、国家广电总局局长蔡赴朝、国家文物局局长单霁翔、国家奥委会副主席蒋效愚及其他领导和朋友为我送行。我再次播放了牦牛博物馆创意PPT。单霁翔作为博物馆专家和主管全国博物馆工作的领导现场点评说，这已经是一个很成熟的展陈大纲了，这个博物馆建成，将是国内填补空白、世界独一无二的专题博物馆，我将会在一个月内追随雨初同志到西藏，给他以支持（事实上，他果真做到了，一个月内，他出现在拉萨，出现在我的临时办公处）。

2011 年 6 月 7 日，我办完了所有辞职手续，向我的北京出版集团的同事们交

北京市老领导为我赴西藏送行

接了所有的工作，踏上重返西藏的旅程。时隔我第一次进藏35年、离藏调京20年整，当飞机越过茫茫雪域降落在拉萨贡嘎机场时，我在心里重复着说：西藏，我回来了；拉萨，我回来了。

4

1976 年，我从江西师范大学毕业，是一个热血青年，自愿报名到西藏工作。我从拉萨被分配到那曲地区，再从地区分配到嘉黎县，然后又从县里分配到麦地卡区。我在平均海拔 4500 米的藏北工作了 12 年，又调到自治区工作了 4 年。这 16 年，从区（乡）到县、到地区、到自治区，每一个行政层级都工作过，调到北京的这 20 年，也与西藏联系紧密。应当说，对西藏还是比较熟悉的。

但是，要创办一个博物馆，还是觉得知识缺乏，把握不住。最初那真正叫作"无知者无畏"啊。

我到拉萨后，不停地向人宣讲我的创意，多方面征求意见。我知道，要做的事情太多太多，但最为重要的是，这个博物馆的创意一定要得到当地人民的认可。否则，如果只是一座空空的建筑，是没有任何意义的。

91岁高龄的恰白先生受聘牦牛博物馆顾问

西藏社会科学院研究员何宗英老师，是老西藏，藏语文非常好，又是著名历史学家、西藏学术泰斗恰白·次旦平措先生的学生和挚友。我通过何宗英老师，联系恰白老先生，得以拜见。

恰白老先生当时91岁高龄，仙风道骨，其容貌很像晚年的齐白石先生。恰白老先生20岁时成为西藏地方政府的官员，被委任为四大嘎伦之一索康·旺青格勒的首任侍从卫官。3年后，外派为江孜宗宗本（宗本即县长）。不久又被任命为吉隆宗本。后来，老先生从事学术研究工作，担任过全国政协委员、自治区人大常委会副主任。他最为引人注目的学术专著是《西藏简明通史·松石宝串》，这是第一部完整的西藏通史，翻译过来的汉文版厚厚两大本，70余万字。为了拜见恰白老先生，我用了两个多月时间，认真通读了这部巨著，并做了大量笔记，很久以后，我还以这些笔记为基础，整理成一个PPT课件，为北京的援藏干部和博物馆的工作人员讲述过西藏历史。

在拉萨的嘎玛贡桑路的寓所，我捧着哈达，拜见了恰白老先生。我向老先生讲了牦牛博物馆的创意，我还特别说到，我读先生的《西藏简明通史·松石宝串》，一开头就提到，西藏最早的部落，就叫作"六牦牛部"，在西藏最早的宫殿雍布拉康的壁画上，就画着6头牦牛。恰白老先生思维清晰敏捷，他说，牦牛博物馆的创意非常好，西藏历史和文化中很多都跟牦牛相关。牦牛对我们藏族有很多恩惠，藏族是一个懂得感恩的民族，我们应当感恩牦牛啊。当我提出，能否聘请他出任西藏牦牛博物馆的顾问，他笑笑说，我现在老了，主要是眼神不好，也做不了什么事，你们要请我当顾问，我也帮助不了什么，但挂个名是可以的。我对此非常感谢，连忙拿出笔记本，请他为我签个名。他用有点颤抖的手，认真地给我签名。后来，我还几次拜见过他。但他没有能够看到牦牛博物馆建成，93岁时去世。在他去世后按藏族习俗举办的"七七"，每一"七"，我都与何宗英先生同去悼念。

我在开始筹备牦牛博物馆时，没有一个助手，只好招募志愿者。我在那曲地区工作时的朋友，现在是《西藏人文地理》主编，他的儿子珠扎当时正在考试等待中，他给我当了几天志愿者，后来考上公务员走了。我在嘉黎县时的朋友闫兵，知道我很困难，给我介绍了一个名叫旺姆的女孩来当志愿者，虽然她因为种种原因没有能够来成，但她看了我的关于牦牛博物馆的创意后，非常感动。她幼年在尼泊尔生活，不懂汉文，回去后用英文写了一篇感想，用电子邮件发给我。我请我的朋友付俊翻译成汉文。虽然她只是个孩子，但她的感想让我对自己的创意信心倍增。

以下是《旺姆的感想》：

We are not being grateful for what we have until and unless we lose it. And not being conscious of health until we are ill. Likewise, today I had discovered that we neglected something which was, which is and which will be there in our blood. I went to meet a Chinese middle age man with the help of my cousin sister and her friend. His name is Wu and full name Wu Yuchu. I have heard about his up-coming Yak Museum before I visit him. I never thought it could be in that way. He has a dream since from his young age and that is to set up a museum only about the yak. He introduced his project and that was awesome. The first word that comes in my mind after I perceived was "Incredible". Not like another museum in Lhasa, his project is all about a domestic animal which is called yak, the animal which can only survive in high attitude region. Though I'm a Tibetan but unintentionally or unknowingly we never give an importance to this pity grateful animal. But Mr. Wu though he's a Chinese ,he saw the uniqueness of the yak and its inseparable fact with Tibetan people. His up-coming yak museum would be the only museum in Tibet to show the real life of Tibetan and from which our new generations can learn large number of knowledge of our own ancestors as well as Tibetan people's daily life. I would like to say thanks to Mr. Wu for his struggle to set up this museum and we Tibetan people are gratitude for Mr. Wu's great contribution.

　　我们不对所有心怀感念，直到我们失去所有。这犹如只有在生病时才懂得健康可贵。今天，我意识到我们长期忽视了从过去到当下再到将来都存在于我们血脉中的某种事物。

经表姊引见，我拜会了一位名叫吴雨初的中年汉族男士。见他之前就听说他在筹办牦牛博物馆，但我没有想到博物馆是这样一种格调。他从年轻时起就怀着创办以牦牛为主题博物馆的梦想。他的计划令人敬畏。观摩了他的创意后涌现于我心间的第一个词汇是"难以置信"。与拉萨的另一个博物馆不同，他的博物馆以一种仅生长在高海拔地区的家畜牦牛为主题。虽然我是藏族人，却因为无知，从没有对牦牛的重要性有深刻认识。吴先生作为汉族人却看出了牦牛的独特性，牦牛与藏族不可割裂的关系。未来的牦牛博物馆将是唯一的展示藏族真实生活的博物馆，年青一代会从中学习到关于我们祖先和关于藏族日常生活的丰富知识。我感谢吴先生为创办牦牛博物馆付出的努力，我们藏族人感谢吴先生的贡献。

5

我在拉萨河畔的仙足岛租到了一处房子。这是我最早的根据地，直到现在。

每天都拜访或接待社会各阶层的朋友，向他们播放我的创意PPT，向他们寻求理解、支持和帮助。因为在西藏工作过那么多年，有很多朋友和熟人，其中不少是现在自治区、拉萨市或各部门的领导。他们对我这个老西藏非常热情，几乎天天都有酒局、饭局和聚会。我在北京戒了20年的酒，也开戒了。他们对我的创意也表示赞同，但具体怎么落实，却没有眉目。后来，才有人告诉我，你做牦牛博物馆，因为有刘淇、郭金龙、蔡赴朝的批示，当然没有人说一句不是。其实，没有人相信，牦牛怎么能做成一个博物馆；没有人相信，你能把这个博物馆做成。还有人说，连人的博物馆都做不过来，还做什么牦牛博物馆？

当时，我没有一个人，没有一分钱，没有一辆车，没有一件藏品，也没有一寸建筑，只有这么一个PPT。

虽然我到达拉萨的第二天，由北京市委副秘书长秦刚主持，向拉萨市委、市政府和北京援藏指挥部做了汇报，并成立了领导小组。但事实上，会议纪要等了一个多月才下来，这个领导小组也完全是一个虚设，工作没有任何进展。

最初的热情过去了，客套也过去了。再打电话也没人接了，再发短信也没人回了。是的，领导那么忙，都有他们的日常工作，日理万机，至于那个传说中的牦牛博物馆，几乎不可能摆上他们的议事日程。

时间在一天天过去，我还是只有一个PPT。我每天晚上都在拉萨河畔焦虑地踱步，一筹莫展。

2011年9月7日，是我进藏3个月整。早晨，我很早起床，想给几个领导打电话，可没有一个人接我的电话，发出的短信也没有人回复，真是郁闷至极。上午，如同神差鬼使，我从仙足岛到太阳岛的一个超市购物，居然一头撞碎了一扇巨大的玻璃门！破碎的玻璃切破了我的鼻尖！我自己还来不及反应出了什么事情，喷出来的血已经在商场的地上流了一大摊。

我的志愿者胡滨在第一时间赶到现场。他是我在北京上庄的朋友，一个企业的老板。因为我在西藏没有交通工具，他帮我把我家的私车从北京开到拉萨来了。

胡滨开着车，紧急去往西藏军区总医院，流下的血又把越野车的后座染红了。此时，嘉措、付俊等朋友也陆续赶到了。

军区总医院的医生先是给我拍片，说，你还算幸运，如果伤口再往上一厘米，

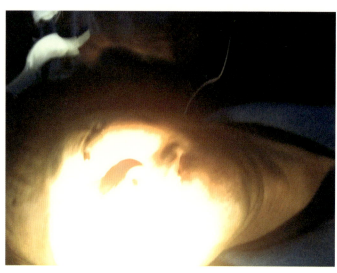

在西藏军区总医院
接受缝合手术

可能就牺牲了。紧接着，给我做缝合手术。

当时，我的神志还很清醒。不知道鼻子会缝成什么样子，只有一点希望，绝不能让伤口感染——因为如果感染，我就得离开西藏，到北京治疗。

情急之中，我给西藏军区原司令员、后从北京军区副司令员任上退休的姜洪泉将军打电话，告诉他我负伤了，住在西藏军区总医院。姜司令虽然是中将高官，但对我非常好。得知此消息，立即给西藏军区副司令员兼总医院院长李素芝打电话，请他关照重视。李将军连忙来到我的病房，询问情况，我只有一个要求，就是防止伤口感染。

当时的北京援藏指挥部总指挥兼拉萨市市委副书记贾沫微带着副市长陈文到医院来看我，非常诚恳地劝我回北京治疗。但我知道，如果我此刻回北京，这个博物馆就算彻底成为一个传说了，那个创意PPT也就可以扔到拉萨河了。

第二天，贾沫微带着当时的自治区党委常委、拉萨市委书记秦宜智来探望我。秦宜智对牦牛博物馆是很看好的，认为这个立意很高、意义很深。当他知道工作没有任何进展时，非常生气，认为这是"严重失职"。他问我，下一步应当怎么推进？我拿出一份事先考虑好的方案，希望成立一个"三方合一"的牦牛博物馆筹备办公室，所谓"三方"，就是拉萨市政府、北京援藏指挥部、创意人即我本人。秦宜智书记当即决定，就按雨初同志的意见办。这个方案请贾沫微同志明天以北京援藏指挥部的文件报给我。并且商定，拉萨市派副市长计明南加任筹备办公室主任，我任办公室副主任。第二天，秦宜智在文件上批示："同意，各方共同努力，建设好世界一流的牦牛博物馆。"

　　我的鼻子上贴着白纱布，像京剧中的小丑，显得很滑稽的样子，跟我的志愿者胡滨一起，到拉萨街上找到一家广告公司，做了一块铜牌，上面用藏汉两种文字写着："北京援藏指挥部　牦牛博物馆　项目建设筹备组。"（注：藏文中有一个字母错了。）这块牌子可以说是用我的鲜血染红的。有了这块牌子，警察也不会来把

到拉萨街上找到一家广告公司，做了一块铜牌

我当外来流动人口盘查了。

　　我的第一个工作人员也到位了。次仁罗布，10 年前，坚定而固执地离开父母，离开拉萨，独自跑到北京，在酒吧里做摇滚歌手，从微博上知道我在创办牦牛博物馆，他以"小牦牛"自称，在微博上与我联系，回到拉萨，成为牦牛博物馆第一个工作人员。虽然他后来再次离开西藏去往北京，继续当他的摇滚歌手，但毕竟在我最困难的时候，跟在我身边两年。

　　尼玛次仁，曾经是我 30 年前在那曲工作时的部下，他提前办理了退休手续，成了我的专职志愿者。

　　通过计明南加副市长的协调，又从林周县借调了次旦卓嘎、从达孜县借调了桑旦拉卓到筹备办工作。

　　北京电视台记者王健结束了援藏任务，自己留下来，跟我当了几个月志愿者。

　　第二年，我向我的原单位北京出版集团提出，请十月文艺出版社副总编辑龙冬进藏作为我的助手，参加牦牛博物馆的筹备工作，因为他曾经在西藏工作过，还是藏族的女婿。

　　就我们这几号人，真正开始了牦牛博物馆的筹备工作。

　　北京市委了解到我的处境和困难，决定给我加挂北京援藏指挥部副总指挥头衔，使得我能够有一个正常开展工作的名分。

6

我们拿着拉萨市政府的批文,可以名正言顺地开展工作了,先要刻一枚公章。这枚公章上,仅汉文就有"拉萨市人民政府 北京援藏指挥部 牦牛博物馆筹备办公室"共24个字,藏文就更多了。但问题不在于一枚公章能否装得下这么多字,而是"牦牛博物馆"这几个字藏文怎么翻译。

为了尽快刻好公章,能够方便工作,只是让次仁罗布简单地将"牦牛博物馆"翻译成"འབྲི་གཡག་བཤམས་སྟོན་ཁང་།"。

但牦牛博物馆的藏文名称,始终是一个有争议的问题,直到现在。

恰逢我们的顾问、中国藏学研究中心副总干事洛桑·灵智多杰来到拉萨,他和随行的研究员卡尔,知道我们正为馆名翻译发愁,就找了几个学者讨论,结果问题更复杂了,他们一共提出了6个名称,供我们考虑。

洛桑先生是一个极为认真严谨的人。回到北京后,他专门写信给全国5所民族大学的藏学院院长,征求他们对牦牛博物馆藏文名称的意见。这5位教授都认真地回了信,但回复的结果是,5个人有5种说法、5种译法。这既是一件十分严肃的事情,又让人感到啼笑皆非。其中主要是两个问题：一是博物馆的译法，博物馆并非藏文中固有的词，20世纪七八十年代，布达拉宫下有一个"革命展览馆"，但后来的西藏博物馆没有沿用其译法，如何恰当地表达博物馆这个词，如何能够包含博物馆最早在拉丁文中"智慧之神居所"这样的含义，显然是很困难的事情。另一个问题是，对牦牛的称谓，有很多种，其中" གཡག"用得最多，其准确含义是成年公牦牛，英语中 yak 就是据此音译的，但也有不少人不同意。中央民族大学藏学院院长才让太教授认为，虽然"གཡག"是指成年公牦牛，但完全可以作为牦牛的统称，在古藏文当中，"གཡག"就是指牦牛，且没有别的词可以统称牦牛。

面对众说纷纭的译法，我只好将这些译法发到网上征求意见。很多懂藏文的朋友参加了讨论和选择。

西藏人民出版社的东智，是我们一个小区的朋友，他坚决反对用"文革"时期的那些词汇。最后说，这个问题在我们藏族人里面讨论是得不出结论的，最后可能还是你这个不懂藏文的人来定。

西藏博物馆副研究员娘吉加先生，曾经在西北民族大学和美国亚利桑那大学读过两个硕士学位，藏汉英兼通，是我们的特聘专家。他也主张，网上征求意见后，就由吴老师你来定吧。

于是，"牦牛博物馆"的藏文名称就定为"གཡག་ཅེན་མཛོད་ཁྱིང་།"。虽然还有一些争议，但多数人已经接受认可了。

牦牛博物馆的 Logo，起初，我想的是在牦牛的藏文字母上做一个牦牛角的变

牦牛博物馆的 *Logo*

形。认识了西藏大学美术学院的研究生普华后，他又根据这个意思设计了一个。我们也将此发到网上征求意见，还收到另一些方案。但后来因为我们拍摄到古代岩画牦牛的图案，才形成今天牦牛博物馆的 Logo。

7

由于这次关于藏文馆名的讨论，我结识了不少藏汉兼通的学者为朋友，为牦牛博物馆的内容建设开辟了更为广阔的空间。

我在北京向中央民族大学才让太教授请教时，他介绍说，你在西藏有学术上的问题，可以求教索南航旦，他可是西藏最有学问的人了。

索南航旦曾经是西藏博物馆的副馆长，现在是布达拉宫管理处副处长，他是西藏文物专家，也是文史类藏汉兼通的学者。

探索牦牛文化的人，一般都会引用《斯巴宰牛歌》，用以证明牦牛文化在藏族创世纪传说中的重要性。从百度上，可以轻易地搜索到《斯巴宰牛歌》——歌中唱道，牦牛的头、皮、尾、眼、心脏都化成了大地、山峰、河流和星月，这对于人们认识牦牛在藏族文化当中的意义十分重要。但是这首民歌的由来、规范的版本和正

西藏文物专家索南航旦

确的译法，却很难找到。

当我向索南航旦老师请教时，他忍不住笑起来了。几天后，他拿来一本20世纪80年代的藏文杂志，上面刊登有他本人早年记录整理的这首青海藏区的民歌，而他所记录的版本的说唱人，正是他的岳父大人。

我们一起，用了整整一天，将这篇藏族民歌翻译成了汉文。以下是汉文翻译本：

斯巴碾磨石（含斯巴宰牛歌）

原创：民间逐步形成，最早可追溯到约 10 世纪

说唱：青海省贵德县江拉伦珠

说唱时间：1988 年夏

收集整理及翻译：索南航旦

甲：

在恒久无常的世界，

有一处不变的沙湾，

那里有八合碾磨石。

有八合还是六合？

有六合还是四合？

有四合还是一合？

乙：

这八合碾磨石，

不是八合也不是六合，

不是六合也不是四合，

不是四合而只是两合一对。

甲:

这两合一对碾磨石,

上辐是谁造的?

下辐是谁造的?

墩座是谁造的?

乙:

这两合一对碾磨石,

上辐是天神之法制作,

下辐是赞神之法制作,

墩座是龙神之法制作。

甲:

两合一对碾磨石,

右转碾磨撒何物?

左转碾磨撒何物?

正转碾磨撒何物?

乙:

这两合一对碾磨石,

右转撒下是金粉,

左转撒下是银粉，

正转撒下是铁粉。

那么我问你——

拿着这三粉去何处？

甲：

金粉拿到上部去，

上部卫藏铸金顶；

银粉拿到下部去，

下部汉地铸银顶；

铁粉拿到藏区去，

藏区用其铸箭镞。

那么我问你——

针尖小的铁块飞走了，

落到地上被谁捡？

乙：

落到地上被鸟捡，

鸟儿想吃所以捡，

鸟儿吃后被毒死。

那么我问你——

鸟儿尸体被谁捡?

甲:

鸟儿尸体被雕捡,

雕儿想吃所以捡,

雕儿吃后被毒死。

那么我问你——

雕儿尸体被谁捡?

乙:

雕儿尸体被鹰捡,

鹰儿想吃所以捡,

鹰儿吃后被毒死。

那么我问你——

鹰儿尸体被谁捡?

甲:

鹰儿尸体被鹫捡,

鹫儿想吃所以捡,

鹫儿吃后被毒死。

那么我问你——

鹫儿尸体被谁捡?

乙：

鸳儿尸体被黄鹭捡，

黄鹭想吃所以捡，

黄鹭吃后被毒死。

那么我问你——

黄鹭尸体被谁捡？

甲：

黄鹭尸体化土石，

土石长出三根草。

那么我问你——

是谁捡到这三根草？

乙：

牛儿捡到三根草，

牛儿想吃所以捡，

牛儿吃后被毒疯。

那么我问你——

牛儿疯后去何处？

甲：

牛儿疯癫去上天，

空中生下三小犊。

那么我问你——

三只小犊叫什么？

乙：

空中三只小牛犊，

分别名叫龙雷电。

牛儿疯癫去石岭，

岭上生下三小犊。

那么我问你——

三只小犊叫什么？

甲：

岭上三只小牛犊，

分别名叫虎豹熊。

想宰牛的有三人，

不想宰的有三人；

想捆牛的有三人，

不想捆的有三人；

想捆牛的有三根绳，

不想捆的有三根绳。

乙：

想宰牛的三个人，

斯巴老人的腰刀，

斯巴老妪的饰刀，

英雄装饰的剑刀。

那么我问你——

不想宰牛那三人是谁？

甲：

不想宰牛的那三人，

释迦牟尼的佩刀，

宗喀巴的持剑，

米拉热巴的禅刀。

那么我问你——

想捆牛的三根绳是何物？

乙：

想捆牛的三根绳，

斯巴老人的掷石器，

斯巴老妪的背水绳，

英雄装饰的套马索。

那么我问你——

不想捆牛的三根绳是何物？

甲：

不想捆牛的三根绳，

释迦牟尼的缠带，

米拉热巴的禅带，

宗喀巴的经书带。

那么我问你——

能否说出宰牛法？

乙：

斯巴宰杀牛儿时，

砍下牛头放哪里？

剥下牛皮铺哪里？

割下牛尾扔哪里？

甲：

斯巴宰杀牛儿时，

砍下牛头放高处，

所以山峰高高耸；

剥下牛皮铺平处，

所以大地平坦坦；

割下牛尾扔山阴，

所以山阴林葱葱。

乙：

有块肉坨被偷走，

小偷究竟是哪一位？

有块牛油被偷走，

小偷究竟是哪一位？

有口牛血被偷走，

小偷究竟是哪一位？

甲：

偷走肉坨的是公鸡，

它不会偷，留在头上成鸡冠；

偷走牛油的是喜鹊，

它不会偷，留在背上一片白；

偷走牛血的是红嘴鸦，

它不会偷，留在嘴上成红嘴。

乙：

斯巴宰杀牛儿时，

牛头组成十八块，

但却没有头盖骨，

没有头盖骨的是哪位？

脊椎共有二十九，

但却没有内骨髓，

没有内骨髓的是哪位？

大小骨节十二块，

但却没有肩胛骨，

没有肩胛骨的是哪位？

甲：

斯巴宰杀牛儿时，

虽有十八块头骨，

但却没有头盖骨者，那位就是龙；

虽有二十九节脊椎，

但却没有内骨髓者，那位就是蛇；

虽有十二块骨关节，

但却没有肩胛骨者，那位就是秃鹫。

8

娘吉加近年来多数时间都被自治区文物局抽调，到西藏各地进行可移动文物的普查和登记，到过无数的寺庙，见过无数的文物。他成为我们的特聘专家后，一直留心与牦牛相关的事物。

有一天，他非常兴奋地来到我的临时办公处，告诉我说，他从德格版的经书发现，藏传佛教萨迦派第五位祖师、元代著名政治家、宗教家和学者、国师八思巴·洛追坚赞（1235—1280）曾写过一首《牦牛赞》。这是一个重要的发现。八思巴曾经为元朝时期中央政府治理西藏做出巨大的历史贡献，是著名的大学问家，也是八思巴蒙古文的创始者，我们牦牛博物馆能够展出他的诗作，无疑有着重要的意义。我与娘吉加，在他初译的基础上，字斟句酌，最后形成了下面的译稿：

牦牛赞

体形犹如大云朵

腾云驾雾行空间

鼻孔嘴中喷黑云

舌头摆动如电击

吼声如雷传四方

蹄色犹如蓝宝石

双蹄撞击震大地

角尖舞动破山峰

双目炯炯如日月

犹如来往云端间

尾巴摇曳似树苗

随风甩散朵朵云

摆尾之声震四方

此物繁衍大雪域

四蹄物中最奇妙

调服内心能镇定

耐力超过四方众

无情敌人举刀时

心中应存怜悯意

八思巴对牦牛的描写，十分传神，将其体形动作、眼目鼻舌尽显行间，尤其是"此物繁衍大雪域，四蹄物中最奇妙"，非常符合牦牛博物馆的创意之源；而"无情敌人举刀时，心中应存怜悯意"之句，又表现了一位宗教领袖的情怀。

这首诗后来在《中国西藏》杂志和《十月》杂志发表，并镌刻于博物馆中。

春夏之交，拉萨的气候非常宜人。那天，忽然接到娘吉加的电话，他激动地告诉我，在文物普查时，得到一个信息，说是珠峰脚下的绒布寺，藏历四月萨嘎达娃节，在佛事活动之后的四月十七日，会有一个传统仪式"亚协"，即牦牛礼赞。娘吉加问我对此是否有兴趣，我说，太有兴趣了，太重要了。我们当即决定，直接前往日喀则地区定日县珠峰地区，由志愿者王健对此活动进行全程影像记录，由娘吉加对说唱文本先行收集并现场核对。

6月的珠峰，气候变化还不小，但似乎对我们格外关照。我们到达的黄昏，彩色的云霞缠绕在世界第一高峰，当晚星月满天，次日天空连云丝都没有，给了我们拍摄最好的条件。绒布寺海拔5000多米，但记录的热情让我们忘却了高原反应。这场仪式持续了4个多小时，我们各自紧张地工作，成功地将此仪式全部记录下来。事后，娘吉加又将此说唱文本与其兄才让先生反复斟酌，翻译成了汉文，当年发表在《中国西藏》杂志，次年又发表在《十月》杂志。

以下是《牦牛礼赞》的记录翻译——

《牦牛礼赞》，由绒布寺扎珠·阿旺单增罗布上师首创，从15世纪开始，每

珠峰脚下的放生牦牛

逢藏历四月十七日时，都有演说《牦牛礼赞》的传统仪式，其他活动都由僧人主持，唯有《牦牛礼赞》是由俗人（养牦牛的人）主持。由于历史原因，在"文化大革命"之后中断，此后，又在1994年得以恢复。现在演说《牦牛礼赞》的，是定日县札西宗乡且宗村49岁的村民索南丹达，他是从曼卓赛达热村69岁的多杰老人那里学得的。多杰老人以口传和书面的形式毫无保留地传授于索南丹达。

在赞颂牦牛的准备阶段，首先要调集40多头放生牦牛，再从中挑选各具特征的7头牦牛，分别取名。面部和四肢毛色是白色者称为"凯巴"，体毛黑色、花脸、面部形似蛙者称为"花色蛙眼"，还有"黑色""淡蓝""黑头""敦波""褐色"。其中，黑牦牛供奉四面玛哈噶拉，褐色牦牛供奉尸托林天母，敦波牦牛供奉斯热，白色牦牛供奉祥寿天女四位护法神等。准备齐整后，先在牦牛腰椎上面用线缝上不同色质和写有不同咒文内容的经幡；其次，由赞诵主持人一边唱着《牦牛礼赞》，一边在牦牛身上用朱砂画画，并在牦牛角头、角腰、角尖、额头、眼部、耳部、鼻梁等部位涂抹酥油；最后，给牦牛喂食糌粑、酒等，在"咯咯嗦嗦"声中一同圆满结束《牦牛礼赞》。依照先前的风俗，除供奉四位护法神外，还有供献"黄脸牦牛"为总持咒的传统，该牦牛必须是黄色脸面、黑色身体、黄口、白色额头，但是，由于放生的原因，可以供献为总持咒的黄脸牦牛都被野狼等杀害，目前已经不存在为诸神供献总持咒所需要的牦牛。

牦牛礼赞

世尊言教赞颂无尽英武雄健

制伏魔军成就盛事如护幼子

守护佛法四项事业有所作为

请示护法会众赐予圆满吉祥

在此，诸路护法神都愿意依持牦牛，由此，护法神都各自找寻体色一致、面容俊美、体格健壮硕大的牦牛，再以饰品、朱砂等各种齐全的装饰器物展示盛装牦牛。就此，首先供奉战神，并向各位天神奉献丰富供品，再以煨桑焚香净化牦牛，沐浴净身，在正式装饰时，向牦牛脊背供撒粮食颗粒，同时，口中念诵：

嗦嗦！今天上天星辰闪烁，大地阳光温暖，在此良辰吉日，圆满之时，向智慧怙主黑色体相供献饰品，请接纳饰品，坚持念咒，各位坐骑体色，从百群中找见，在千群中挽回，使之头部棱角端正，面部目光炯炯，口中利齿齐整，背部毛色油亮，腹部乳汁充盈，祈愿演讲"五部充实之畜咒装饰"！

之后，将第一类饰品戴在右耳和左耳上，并在项背、尾巴部位都涂抹朱砂，同时，口中念诵：

获得！获得！昭示福运如山，堆积利禄，丰富如海充溢，招来各种骏马良驹，得来各种洁白绵羊，招得山羊都来咩咩，得到黄草遍地牦牛，获得印度黄金，又得康区白银，得来北方食盐，获得！获得！招福利禄，犹如植物繁茂，打击！打击！美妙右旋螺角，冲动之敌作祟，邪魔居高位，不喜处低位，欣喜打击，各种口似乳汁温柔，心比棘刺锐利者，尤其蛊惑妖鬼，打击一切诅咒灾祸，毒咒冤仇放咒祸害，美妙左旋螺角，不侵扰，不侵扰，不骚扰任何牛群，不侵入任何羊圈，不伤害人寿，不污染饮食精华，不污染衣服色彩，不侵扰各位家人邻居喜爱之人，不干扰佛法言教，不伤害至尊威德，不干涉善士僧众，在右手，右手上首是人之宝库，宝库之上源源相续，右手中部是资财宝库，宝库之上源远流长，右手下部是畜牧宝库，宝库之上繁衍生息，从三处宝库门口，护持救护人寿，保护饮食精华，保持衣服色彩，以金、银、铜三处出口，守护用绿松石、珊瑚、珍珠、琥珀，护卫由箭、刀、矛三处守护，容颜青春永驻，吉祥美妙恒常，事业成就稳固，财运富足永在，右旋螺角常在，制伏冲动之敌，而常胜角中心不致碎裂，而坚固角尖精良而坚硬，保护仁慈亲友，而常健口福，常在顺利圆满，肌肉发达，肉香常在，眼睛常明，视觉清晰常明，耳顺常悦听觉灵敏永聪，后颈窝坚固，后颈窝为父兄亲和而永固，颈项健壮颈项不致落入敌手，而常固鬃毛油亮，鬃毛被胜神拽拉而常胜，脊背健硕脊椎比流水，伸长而常，健尾部坚挺，先期向上，增长而稳固，畜圈牢固，圈内羊群繁盛而永固肩胛健壮，肩胛为积累财富而健实，肩部稳健，肩部为人财部众能胜而稳健，心意淡定，心意安乐而淡定，脐部硬实，脐部不变而硬实，足跟稳健，各种地煞龙妖、诸位天神会众能齐聚大地之下而永驻，四蹄能战胜四敌而稳健！

就此，在念诵咒语圆满后，人站立在牦牛左边念诵祈愿词：

此畜咒从毛色开始祈祷，从百群中找见，在千群中挽回，五部充实，
此畜咒乘骑时骑速未有比之更快者，站立时站姿处未有比之更险峻者，
为了无人死亡而施咒，祝愿施咒之下不致人死亡！为了无箭断裂而立靶，
祝愿靶心之下不致箭断裂！在右眼之下降伏宿敌，在左眼之下看护仁慈

娘吉加、王健对说唱人索南丹达进行文字和视频记录

亲友，君王世系犹如兴盛一样世代繁衍嗓嗓！

之后，为先行者献给丰厚酬谢，让后来人享用精美酒席，再将畜咒置入中央，全体围绕着呼唤："愿天神得胜！"同时，撒施糌粑，做吉祥祝愿。之后，执行仪式团体有进行祈愿招财引福的传统，在全部仪式圆满结束后，将7头牦牛从寺院大殿走廊廊厅放出寺外，与其他牦牛一道走向珠穆朗玛峰下的草场。

9

拉萨的一个美丽黄昏，我正在拉萨河畔散步，忽然接到桑旦拉卓的电话，问我：爸啦，您在哪儿？我说，就在家附近。

桑旦拉卓是谁？为什么管我叫"爸啦"？

这里先插述一段，原文见2008年第5期《十月》杂志。

悲伤西藏

  曾经有过一个愿望，就是与青年时代共同在西藏度过最艰苦岁月的老友一起，找一个地方养老。2006 年 8 月，我进藏 30 周年纪念之时，开车重返西藏，跟次仁拉达谈了这个想法，他很赞同。我们都希望那个地方能够有雪山、有藏传佛教寺庙，海拔不至于过高，气候环境和生活条件又比较适宜，我们可以在那里怀旧，在那里进行思想、文化和心灵的交流。后来，我跟他通电话，认为云南丽江的农村比较符合我们的愿望，那里是藏族人居住的最东南边缘，可以遥望西藏高原，从滇藏公路进藏也很方便。次仁拉达说，好的。此后他经历过一次严重的翻车事故，摔断了胳膊，但恢复得很快。我们在通话中又谈到那个愿望。2007 年上半年，我多次与他通电话，感觉他支支吾吾，有什么欲言又止似的。后来，他终于说出实情：他不但赞同我的想法，而且打算去往丽江实地考察，但正是在由成都去往丽江的中途即攀枝花，他突发重病，大量吐血，只好返回成都。经华西医科大学附属医院检查，确诊为肝癌晚期，因为他还患有糖尿病，也不能手术，医院表示对此已无能为力。

  得知这一消息，我感到难以接受，并决意要再去西藏看望他。

2007年12月31日，我收到次仁拉达发来的短信："尊敬的吴老师：您好！您托加措带来的信件和东西已收，很高兴。我的病情没有恶化。藏药对肝的疗效很好，请放心。藏传佛教对生死观有很好的帮助，所以我现在没有什么不开心的。每天念经，每月放生，有时听藏汉高僧大德讲经，时间过得很快。请放心。祝元旦快乐！"因为工作杂务，我抽不出身。等到农历年底，我很想到拉萨与次仁拉达一起过个年，因为我真的特别害怕再也见不到他。2008年春节的前一天，我飞往拉萨。飞机抵达拉萨上空，因为扬沙不能降落，返航成都时，我自己又严重感冒，感冒中进藏有危险，而且只会给人添麻烦，无奈取消了本已成行的行程。

2008年4月30日，我利用五一节的3天假期，回到了拉萨。当天下午，穿过残留着"3·14"暴力事件痕迹的街道，我来到他的家，终于见到了我相识交往近30年的朋友、一个普通的藏族平民次仁拉达。

30年前与他相识时，他就是一个平民。只有十几岁。藏北草原那曲地区中学的初中毕业生，毕业后留校当了一名电工。他一头鬈发，轮廓分明，本是一个英俊少年，却蓬头垢面，此后的一生也不拘装束，更多的人简称他为拉达，偶有一丝汉语中"邋遢"之意。而但凡接触过他的人，无不赞叹他的聪明，总之是一个智商很高的人。不过，只有与他深交的人，才知道他的苦难历程。

那是在我跟着一起到他的家乡——藏北草原西部的申扎县雄美乡

的那趟旅行才知道的。

次仁拉达其实是一个孤儿。他是一个非婚生孩子，母亲去世后，成了孤儿，另有家庭的其生父出于功利而认领了他，实际上是当作一个可以放牧的劳动力认领的。于是，他从四五岁起就在色林湖畔的草原上放牧，却在其父的家庭中甚至得不到温饱的待遇。只有他年迈的奶奶给他慈爱。他说，他常常是光着脚或是裹一块羊皮在冰雪上跑。

我对色林湖地区的寒冷有着最为深刻的记忆。

那是1980年2月8日。那天，我穿着次仁拉达给我找来的老羊皮藏袍，跟他一起骑马要走几十公里的路。尽管我有在雪地骑行的经验，先牵着马徒步走了几公里热身再上马，仍然很快被色林湖刮来的刺骨寒风穿透，我几乎有一种要被冻死的恐惧，使劲鞭打着我的坐骑，先于次仁拉达走了。在风雪弥漫的远处，有一顶摇晃的帐篷。我鞭打马，奔向那顶帐篷，像溺于海洋的人奔向孤岛。到达帐篷门口时，我的被冻僵的腿已经不能支撑我下马了，我几乎是从马背上直接摔到那顶帐篷里去的。这一下把帐篷里围着火炉的主人惊住了，那是一位老阿妈，袍襟里抱着一个婴孩，还有一对年轻夫妇。他们很快就明白了这是被风雪冻坏的人，便手忙脚乱地把我扶在靠垫上，脱去了我的马靴，青年男子从褡裢中抽出一大把羊毛，靠近火炉烘暖，再把我的双脚捂住。看着这样还暖不过来，老阿妈把袍襟中的婴孩交给儿媳妇，凑过身来，把我冰冷的双脚放进她的怀里。随着我的双脚缓缓暖过来，次仁拉达才从后面追过来。他向主人解释，这个冻伤的人是从江南来到藏北工作的汉人，因为是第一次来到西部，才冻成这样。次仁拉达感谢他们给我这个陌生的汉人以温暖。很多年后，我的心中总会闪过这一幕，我对次仁拉达说，我没有从哪本书里读到过这样真实的崇高。就是在这样荒僻寒冷的草原上，次仁拉达走过他的童年。命运的改变起于教育。由政府出资的申扎县雄美乡历史上第一所初级小学在一间土坯房屋里创建。"我要读书！"成为次仁拉达幼年生命的最强音，他不顾其生父的反对，坚决要去上学。其父甚至以如果不去放牧就不供他吃饭为要挟，而次仁拉达则宣称，即使乞讨也要上学！——那个年代西藏还没有条件像如今对义务教育学生实行"三包"——事实上他也是以半乞讨的方式，维持他在初小上学的日子。但只要一走进学校，就觉得是另一个世界，他的天资得到展示，他的学业总是排在第一，并以优异的成绩，进入了当时申扎县唯一的完全小学。他从草原牧区走进了县城。在那里，他仍然过着半乞讨的日子，他用课余时间捡牛粪卖给县机关，用周末时间为县人武部放牧军马，以此换回吃喝，维持学业。他又以最优秀的成绩进入当时整个藏北地区唯一的初级中学即那曲中学，次仁拉达又从西部牧区来到藏北重镇——那曲。当时的教师多是北京援藏的，对这些孩子来说，"北京格拉"真的比他们的父母还要亲。

次仁拉达初中毕业留校当了一名电工，与我的一位山东朋友同住一间宿舍，由此我们也成了好朋友。第一次握手，我注意到，他的手指的一节，被柴油发电机的皮带卷断了。在我们的交往中，他的汉语文有了长足的进步。不久，我担任那曲地区文化广播电视局局长，即把他调到文化局所属的群众艺术馆。基于他的天资和工作的需要，又把他送自治区话剧团学灯光。我记得那年带着次仁拉达去拉萨。那是他平生第一次走出藏北草原。我们乘坐的车一路南行，到了海拔较低的羊八井，次仁拉达第一次看见长着绿叶的树，他惊讶而激动。此前，他除了草原上的帐篷杆和电线杆，除了书中的树，没有见到过具体真实的树。到拉萨，他朝拜了布达拉宫、大昭寺。他在拉萨学灯光，光电知识对于他来说，似乎很容易掌握，好像会无师自通。他利用这个机会，用了更多的精力学习藏语文。

自从次仁拉达调入文化局后，我们几乎每天都生活在一起。我们那一群同事就是一群朋友，我们建设了地区影剧院、地区群艺馆等一批文化设施。这些新建筑落成时，附近的老百姓自发前来敬献哈达，次仁拉达特别开心。当时，正处改革开放初期，联产承包、治穷致富，是各个部门的中心工作，我们文化局自然也不例外。每次被抽调到基层工作组，次仁拉达都是工作组成员，同时也是我的翻译。我们在那曲县的罗马乡、双湖的查桑乡，一待就是几个月。我们在属于可可西里地区的双湖的留影至今还挂在我的办公室里。次仁拉达经过几年的自学，已经是公认的高级翻译了，藏译汉、汉译藏，口译、笔译，都是一流的。我与牧民的交谈，他甚至把语气词都翻译出来了，我的一些简单藏话也多是从他那儿学来的。由于我们蹲点的地方海拔超过5000米，我患上严重的失眠症，有一次有五六天没能睡好。次仁拉达不知如何是好，最后只能到佛像前为我念经祈祷，保佑我能安然入睡。

随着西藏经济社会的发展，工作生活条件有了改善，我们再一次把次仁拉达送到西藏大学进修藏语文。这一次，他不但把藏语文作为工具来学习，而且广泛涉猎了西藏的历史、宗教、文学，并且逐渐地形成了自己的人生观。在这个阶段，他与从四川藏区来拉萨朝佛的一个女子结识，组成了自己的家庭。我本人也在1988年从地区调到自治区工作。在我离开那曲时，次仁拉达问：吴老师，您走了，谁来救我？我说，我从来也没有救过你，都是你自己努力的结果。实际上，你给我的帮助可能更大。的确，次仁拉达是我认识西藏基层社会的一个向导。

此后，我在文化局的同事格桑次仁调任申扎县县委书记（后来成为自治区领导）。格桑次仁也非常欣赏、关心次仁拉达，带着他回到自己的故乡，先做编译工作，并担任申扎县人民政府办公室的副主任。申扎县对外合作成立矿业公司，作为政府出资人的代表，次仁拉达担任副总经理。我们笑称他成了"金老板"。合作方换了5任总经理，而政府方的代表、副总经理一直是次仁拉达。因为他的聪明，很快又掌握了矿业知识和经营管理知识，把一个公司经营得红红火火。与此同时，他自己的家庭经济状况也有了很大改善，在拉萨自建了住房，安居乐业了。这期间，我已经调到北京工作，次仁拉达来京，到北京市委来看我，还是多年前那种装束，但从他的话语中可以感觉到，他已经成为自己命运的主人。

次仁拉达在矿业公司的第一任合作方总经理王世平，此后也成为他终生的朋友。王世平非常能干，后来从企业经营转向行政管理，担任了地区行署副专员。但他发现自己不适应也无意于官场，更愿意办实业，又辞官经商，成为西藏一名很有成就的民营企业家。我与王世平也因为次仁拉达成为了好朋友。王世平又是一个非常善良和有责任感的朋友，世平对我说，次仁拉达的事你放心，如果他有万一，我和爱人会承担一切。

我的五一拉萨之行，有一种紧迫感。我不知道次仁拉达的病情会有怎样的结果。但我必须见到他。

"吴老师，您来得很及时啊，我可能还有一个月的时间。"次仁拉达的脸色非常不好，说话没有力气，但见到我却很高兴。我们相识时，他还算是个大孩子，因为生活的艰难和疾病的折磨，生命力明显衰弱了，虽然他心态很平和，但我见此不由得心里隐隐作痛。

在拉萨的 3 天，我们见了 3 次。我们像 20 多年前一样，单独交谈，谈得很默契、很深入。我们谈宗教、谈民族、谈社会、谈人生、谈命运，我们也直言不讳地谈论死亡。

我有些奇怪次仁拉达后来怎么会成为一个虔诚的佛教信奉者。他告诉我，作为一个藏族人，几乎是与生俱来地信奉藏传佛教，但更多的只是盲从。他自己则是听一位高僧讲述宗喀巴的《菩提道次第广论》之后，才真正信奉藏传佛教。我们毫无顾忌地谈论西藏的宗教和文化问题。比如，藏传佛教的轮回观念，同时具有积极和消极的两个方面，但总体上规劝人心向善。由于存在前世的观念，对此生的痛苦是有解释的；由于存在来世的观念，对此生是有约束的。次仁拉达说，我现在得这个病，可以认为是前世作了孽，解除痛苦的最好办法，是祈求他人不再得这个病，如果我因此而死，最好能把这个病带走。如果来世转生为人，也要为他人解除痛苦。次仁拉达所信奉的，其实就是"人间佛教"。这使我想起一位宗教哲学家所说的："疾病也可以被用来使我们想起无数存在者所遭受的痛苦，并使我们的爱和同情复苏。"我不信教，但与次仁拉达在交谈中有不少共识，比如藏传佛教存在很多问题：政教合一的历史惯性，对政治的干预、对权力的欲望，教派争斗，社会变革了，宗教却没有变革，等等。我们都希望宗教回归到个人信仰的本质上来。

在谈话过程中，他的心情逐渐好起来了，他说："吴老师，您来得好啊，我可能还能活一年。"我说："如果我的到来能让你从一个月延及一年，那我就年年来！"毕竟，他还只有40多岁啊！

临别前夜，我与当年藏北的友人加措、向阳花、多吉才旦及家属等聚会，次仁拉达在王世平夫妇的陪同下给我送来一幅唐卡。他郑重地打开，是一幅四手观音像，四周还绘有四幅小型佛像，他一一介绍，其中一幅是文殊菩萨，次仁拉达指着文殊菩萨对我说："那就是您嘛。"我惊讶甚至惊恐地说，你千万不能这么说，我只是一个前世行过善也作过孽、此生行过善也作过孽的俗人甚至愚人。

我们约定，如果他走了，他最大的牵挂是他最疼爱的正在上大学的女儿，我会将她当作自己的孩子一样关照。

几天前，次仁拉达打来电话。他从电视上看到四川地震灾害惨景，心里非常难受。他说，他要捐款给灾区人民，还要去大昭寺为遇难的同胞诵经超度……我没有想到，这是次仁拉达与我的最后的联系。

5月26日，我接到王世平的电话，次仁拉达已于25日上午10时去世。喇嘛正在为他念诵超度经，30日送往直孔堤天葬台。

我用泪眼远望西南，那让我多少次悲伤的西藏。次仁拉达走完了此生的路程，苦难终结了。他此生是一个平凡、善良、智慧的人，如果真有来世，但愿他不再有那么多苦难……

补记：

　　两个月后，我再次去拉萨，履行我与次仁拉达的生死之约：照看他的女儿桑旦拉卓。我与正度暑假的她共度了 3 天美好时光，我们结下深厚的父女之爱，我成为了她的第二父亲。日前，收到女儿给我的电子邮件：

亲爱的爸爸：

　　刚收到您给我的一封信和几张照片，心里特别的开心。这次您来拉萨不知道给我带来了多少的快乐，从内心深处关爱我、体贴我、呵护我。您的每个眼神里都流露出对我的疼爱，帮我从丧父之痛的阴影中走出来，让我重新感受到父爱的温暖。女儿此生有两位父亲，一位是出生在雪域高原上的藏族父亲，一位是出生在大都市中的汉族父亲，虽然是不同民族不同地域的两位父亲，但是您们都是伟大的、慈悲的、智慧的。您们之间的友谊就像大海一样深，您们之间有太多的经历、往事，对吗？缘分让您们拥有了同样一个女儿桑旦拉卓，您们给了我多少的爱，也教会了我如何去爱别人。女儿发自内心地感激您们，女儿也特别地爱您们，想您们，女儿会时刻牢记您们给我的教诲，也决不会让您们失望。爸爸我爱您们！！！

与桑旦拉卓及其生父次仁拉达在一起

　　此时，桑旦拉卓已经从西北师范大学旅游管理专业毕业，在达孜县雪乡作为志愿者当小学教师，通过拉萨市计明南加副市长，将她借调到我们牦牛博物馆筹备办公室工作。

　　她打电话给我，让我马上回家。然后，她和一位小伙子抬着一个巨大的编织袋进来。那小伙子是楚布寺的一个僧人，叫石桑，家乡是藏北申扎县，是桑旦拉卓表叔日诺的儿子。

　　石桑打开编织袋，我才知道，里面装的是一顶牦牛毛编织的帐篷。原来，日诺一家通过桑旦拉卓知道，有一个汉族人正在筹办一个牦牛博物馆。于是，他们全家动员，捻线、编织、缝制，忙活几个月，制成了一顶帐篷，坐了3天车，送到拉萨。

冬暖夏凉。天气晴好时，会出现密密麻麻的小孔，空气和阳光得以畅通，雨雪来临，则膨胀开来，将雨雪挡在外面。这是千百年来牧民的家啊。

我问石桑，这帐篷要多少钱？

石桑说，我阿爸说了，你是一个汉族人，从北京到西藏来，为我们建牦牛博物馆，我们就是牧养牦牛的人，怎么会要钱呢？

一顶牦牛毛帐篷，从市场价而论，怎么也得万元以上。一个家境并不宽裕的普通牧民，却分文不取，无偿捐赠，令我大为感动。

这是牦牛博物馆收到的第一件捐赠的藏品。

10

《中国牦牛学》，是迄今为止内容最全的著作。这本书是我从万能的互联网上搜到并买来的。它几乎成了我们对于牦牛学科的启蒙读本，也成为牦牛博物馆中关于自然与科学部分的基础。这本书是1988年由四川科学技术出版社出版的，作者是"《中国牦牛学》编写组",这样就无法找到具体的作者了。

我通过曾经在西藏工作过的朋友,甘肃省委常委、组织部部长吴德刚,找到一位牦牛学专家,中国农业科学院兰州畜牧与兽药研究所研究员闫萍教授。

我到达兰州,见到闫萍教授时,她感到很奇怪,不知道省委大领导找她做什么。当她知道是我通过领导找一位牦牛学专家时,她说,那你找对人了。我从大学毕业到现在,近30年了,做的就是一件事,研究牦牛。我现在还有一个头衔,全国牦牛协作组秘书长。

很难想象,这样一位戴着金丝眼镜的秀气的女学者,研究对象是高原上大型动物牦牛。她说,因为研究牦牛,全国几乎所有有牦牛的地方她都到过。闫萍教授在牦牛产区的确很有名气,我们后来到牦牛产区进行田野调查,很多人都知道闫教授。

闫萍教授得知我要做一个牦牛博物馆,兴奋得像个孩子似的鼓起掌来:"太好了!太好了!"

她告诉我,全国有几十位专家学者专门从事牦牛的研究,特别是20世纪80年代,老一辈科学家将他们的研究成果提升到理论高度,牦牛研究作为一门学科,进入高等院校专业课堂。《中国牦牛学》是当时牦牛学科最全面地阐述牦牛学成果的理论著作,作者都是她的老师辈的。现在闫萍教授也在写一部牦牛学著作,但她说,从理论框架而言,并没有突破《中国牦牛学》,近些年来,专家学者们进行了更多的实验性创新,在实验领域有了很多新的成果。

闫萍教授后来被我们聘为牦牛博物馆的牦牛科研专家,她为展示自然与科学的探秘牦牛展厅提供了大量的学术支持。让我们这些门外汉略为知道一些基本知识，而且，我们还要用更为通俗的方式，让将来的观众接受这些知识。

此外，我们要在未来的博物馆里，展示那些对中国牦牛科学研究做出贡献的科学家，需要这些人的简况，闫萍教授也完全赞同，她觉得，从牦牛产区，到首都北京，至少有两代科学家为牦牛科研打下了基础。我说，我们把这些数据整理好，会通过多媒体把这些科学家向观众展示，让今天牦牛产品的享用者记住他们的工作和贡献。由此，我还结识了很多研究牦牛的科学家，知道牦牛研究已经广泛地涉及当今时代的诸多前沿学科，那是一个凭我的知识所不能到达的领域。

现在多媒体展示的专家名单如下：

陆仲麟：中国牛品种审定委员会委员，全国牦牛品种协会常务副理事长兼秘书长。

闫　萍：中国农业科学院兰州畜牧与兽药研究所副所长、研究员、博士生导师。

龙瑞安：兰州大学二级教授、博士生导师、教研处处长。

曹兵海：中国农业大学动物科技学院教授。

姬秋梅：西藏农科院畜科所副所长、牦牛研究与发展中心主任、博士。

何世明：四川省阿坝州科学技术研究院畜科所所长、研究员。

韩建林：中国农业科学院教授、博士生导师。

字向东：西南民族大学研究员、动物科学教研室主任。

余四九：甘肃农业大学副校长、教授、博士生导师。

钟金城：西南民族大学教授、牦牛研究中心主任。

陈　宏：西北农业大学教授、动物科学系主任、博士生导师。

李家奎：华中农业大学教授、博士生导师。

此后，由筹备办的兼职工作人员余梅负责与闫萍教授的联系，并承担探秘牦牛展厅的内容。

从"孔夫子旧书网"上，我们惊喜地发现，《中国牦牛学》还有藏文版！

我是从网上的"扎西书店"买到这本藏文版的。我买这本书时，接到版主的一个电话，是您要买藏文版的《中国牦牛学》吗？我说，是啊。版主又问，您叫吴雨初？是不是曾经在那曲工作过的吴雨初？我说，是啊。版主说，那我知道您，我也是那曲的，现在那曲高级中学。我才知道，那曲高级中学设在拉萨近郊的堆龙德庆县。于是，我开着车，到那里找到这位版主，他是那曲高中的教师，叫王宏生。他的家堆满了各种旧书，特别是与西藏有关的旧书。除了教学，就在孔"夫子旧书网"上卖书，生意还真不错。我顺利地买到了藏文版的《中国牦牛学》。后来，我们熟悉了，他还给牦牛博物馆捐赠了"西藏和平解放"邮票一套。最重要的是，他那里还有 20 世纪七八十年代的《中国牦牛》杂志。他卖了几本给我，但那本创刊号，怎么也舍不得。等到我们快要开馆了，才决定割爱捐给我们。

《中国牦牛学》藏文版的作者，几经打听才得知，是曾经担任过 9 年拉萨市市长的洛嘎先生。我们有缘在一次自治区主席办公会上结识。

洛嘎先生、约翰·奥尔森和我

　　洛嘎先生70多岁了，慈善，自信，开朗，学识渊博。

　　洛嘎老市长是一位学者型领导。在从政之前，他是一位畜牧工作者，他在大学里学的就是动物学，退休之后，他又回到动物世界，撰写过《藏獒》等著作。他本人还是一位藏文化学者，在他指导下，兴建过西藏文化园，那里有藏文字和藏医学的展览。得知我们要创办牦牛博物馆，非常支持。他甚至找到了油印的最早的牦牛学讲义捐赠给我们，那是20世纪70年代的大学教材。

　　洛嘎老师给我讲中国牦牛的分类，特别强调在西藏自治区范围内，牦牛种类的

嘎苏牦牛

称谓和分布。一般理解，牦牛品种是与其遗传、生长地区海拔、水土等相关，但从洛嘎老师那里得知的，远远不止于此。

　　一个周末，洛嘎老师带着我，要去看一个特殊的牦牛品种。我们的越野车行驶过山南地区的琼结县，翻越一座5000米的大山，眼前展开一片辽阔的草原，这里是措美县的哲古草原。

　　这个牦牛品种叫"嘎苏"，它的面部特征是，额头上有一片卷毛，像是女人额前的刘海。

事先，洛嘎老师与当地牧人联系过，我们就直接到了夏季牧场。从帐篷里传出来一阵阵歌声，出来迎接我们的牧人光着膀子。进入帐篷一看，所有的男人都裸着上身。他们提炼酥油的木桶，是我在其他牧区从未见过的，几乎有一人那么高，下半截放置在地坑里。其他地区打酥油是从上往下，他们则是从下往上。那么大的酥油桶，要使的劲该多大呀。我试了一下，根本拉不动那搅拌棒。牧人汉子们唱着类似劳动号子的歌谣，上下搅拌着，黝黑的上半身，汗水不停地淌下来。白色的牛奶经过搅拌后，上面浮出一层固体，那就是酥油了。酥油是金黄色的。牧人用手把酥油拍成一个个金元宝似的坨坨，举在手上，脸上的笑容是那样的灿烂。

哲古草原的牧作方式显然与其他地区不同，洛嘎老师告诉我，哲古草原牧场原先归噶厦政府直接管辖，这里出产的酥油，是专门供奉给历代达赖喇嘛享用的。所以，这里的牧场上，从放牧，到挤奶，再到打酥油，全是男人，夏季牧场上，一个女人也没有。

这样一个关于牦牛品种的知识，是在《中国牦牛学》上找不到的。

这也恰恰印证了我们对牦牛博物馆的构想——

我们牦牛博物馆将要展示3头牦牛：自然与科学的牦牛、历史与人文的牦牛、精神和艺术的牦牛。

11

　　根据《中国牦牛学》的阐述，中国牦牛总数占世界牦牛总数1700万头中的90%以上，分布在中国的青、藏、川、甘、滇、疆6个省区。中国牦牛共有13个品种类别，它们生存的区域，大都在海拔3000米以上，而在海拔4000米以上更为集中。

　　要做牦牛博物馆，必须对牦牛的主要产区进行长距离的田野调查，以获得直观的印象。2012年9月开始，我和尼玛次仁、桑旦拉卓，还有志愿者王健（驾驶员兼摄影师），后期还有次仁罗布，开着唯一的一部借来的丰田越野车，开始了追寻牦牛的万里旅程。

　　为了这次牦牛之旅，我通过自治区党委宣传部常务副部长孟晓林（时任《西藏日报》总编辑）、《西藏商报》总编陈军等报界的老朋友们，在《西藏日报》、《西藏商报》和《拉萨晚报》免费刊登了牦牛博物馆接受捐赠的启事。凭几张报纸，虽然征集不到什么藏品，但这是党报，至少可以证明我们是官方认可的，而不是行走江湖的骗子。

　　我们从拉萨出发，来到那曲。那曲是藏北重镇，青藏公路和青藏铁路从这里经过。我从 1979 年到 1988 年在这里工作和生活。我离开藏北后，曾经多次回来探望。每一次，都有一个必须要去的地方，就是那曲镇的西山，那里有一处公墓，还有一处天葬台。我的朋友李泉昌，30 多岁就英年早逝，他是为了当时中央确定的 43 项工程所需木材，从黑昌公路去取材，发生车祸，掉入上千米悬崖下的怒江。我每次

藏北牧民才崩

都到公墓去，给李泉昌献上一条哈达。

藏北草原是西藏的主要牧区，也是牦牛的主要产区。

我们的第一站选在了比如县夏曲卡的牧民才崩家里。

才崩是一位英俊的牧民。他的头上缠着火红的英雄发，给人火样热情的感觉。但事实上他的性格内向，话语低沉。才崩自己一直未婚，他和姐姐、弟弟、妹妹生活在一起。姐姐、弟弟和妹妹都成亲了，成了一个大家庭，但才崩却是这个家的主心骨。家里养多少牛羊，几个人挖虫草、何时卖及什么价卖，盖多大房子，在城里买什么样的房，买什么样的汽车，这些大事都是才崩做主。

才崩的家，能让人改变对牧人之家的印象。通常人们会认为，牧人家里因为条件所限，比较脏乱。但我们踏进才崩的家，作为城里人，甚至感觉不知道双脚该往哪里放，吸烟的也不知道烟灰该往哪里弹，因为他的家实在是太干净整洁了。

才崩与我们的工作人员尼玛次仁有一点亲戚关系，对于我们的到来，才崩做了事先的准备。但我们没想到是如此的盛情，才崩甚至给我们4个人每人买了一床新被子，把我们安置在他家的佛堂里住宿。佛堂里供奉着观世音，长明灯整夜都亮着，牛粪火炉一直在燃烧，虽然这里的海拔达到4600多米，但屋子里温暖如夏。

才崩家牧养着100多头牦牛。尼玛次仁和桑且拉卓拿着我们的调查表格，一项一项地向才崩询问。其中，我们对一个牦牛头骨，都设定了多项问题，比如，这具牦牛，它生前叫什么名字；是公的还是母的；活了多少岁；是生产性淘汰，还是老死病死的；如果是母牛，它产过几胎；如果是公牛，役用了多少年，等等。

　　我与才崩虽然语言沟通不太顺畅，但心灵却非常相通。对于牦牛博物馆的理解，他似乎比城里的知识分子还要容易。才崩不懂得什么叫博物馆，有生以来也没进过博物馆，但我们把牦牛博物馆叫作"亚颇章"，也就是牦牛宫殿，才崩立刻就明白了。他知道我们在做一件大事，知道我们为什么做这件事，知道他自己怎么才能帮上我们。

　　才崩成了我们的义务宣传员，成了我们的重要捐赠人。后来，他把自己家里的，包括他从其他牧民家里收集的与牦牛相关的生产工具，诸如驮牛的鞍子、打酥油的

藏北风景

木桶，装满他自己的皮卡车，从比如县运到拉萨。更有意思的是，他把这些生产工具的年代记录得清清楚楚。例如，这具驮鞍，是从爷爷手上传下来的，已经有70多年的历史，这70多年中，曾经有多少次去往西部驮盐，一共走了几万公里，等等。

我在想，该给这些藏品估值多少，才崩笑笑，一分钱也不要。他的话跟石桑阿爸一样：你一个汉族人，从北京来到西藏，为我们建牦牛宫殿，我们是牧牛人，怎么会要钱呢？我说，那就给你一点汽油费吧。才崩还是憨厚地一笑，不要不要。

我把才崩的捐赠发在了我的微博上，韩永先生评论道：这是一批具有重要价值的藏品，是牦牛作为生产工具、生产方式的物证。

牦牛之旅，是艰苦的然而又愉快的旅行。每一天，都沉浸在高原壮美的风光之中，这里是牦牛生存的地方。虽然路途遥远，崎岖颠簸，甚至惊险，但一路的雪山草原和梦幻般的云彩，让我们忘却了疲惫。每当我和王健忙活着摆弄相机，对高原风光赞叹不已，尼玛次仁和桑旦拉卓就会扬起自豪的笑容，他们作为高原的主人，为自己生活的土地而骄傲。高山雪水汇成的溪流小河，纵贯草原。我们在水边坐下，拿出我们准备的煮肉、干肉、糌粑，就着清澈的雪水，洗上一根黄瓜，休息大约半个小时，又继续上路。对每一地方的牦牛，都要拍照，分析牦牛的种类和特征，向当地的牧民请教。

我们继续东行，来到索县。这里有号称"小布达拉宫"的赞丹寺。很多年前，我认识这个寺庙的活佛杰卓仁波切。杰卓仁波切已经是全国政协委员了，但他比当年显老了，也不太认识我。我说，你如果想不起我来，我提一个人你肯定熟悉，这个人就是曾经担任过索县县委副书记的嘉央西热。杰卓活佛说，是的是的，他是我的好朋友，只可惜，他已经去世了。我说，我过去是嘉央西热的老师、领导和朋友啊。杰卓活佛因此变得热情起来了。尼玛次仁和桑旦拉卓连忙把我们带的报纸给活佛奉上，并向活佛说明牦牛博物馆是怎么回事，希望得到活佛的理解和支持。杰卓活佛很快就明白了，表示愿意捐赠与牦牛相关的物品，但要找一找，并提示我们，赞丹寺的壁画上，就绘有牦牛。我们喜出望外，跟随着活佛派使的小喇嘛，参观了这所著名的古寺，在壁画上，看到了作为护法的牦牛和牧区生活场景中的牦牛，并一一拍照。

我们的牦牛之旅，也可以称作"牦寺之旅"，因为，每一天，不但能看到各种各样的牦牛，还会进到路上的寺庙。西藏寺庙的分布，随着人口的居住和政区的划分，每一个县，甚至每一个乡、村，都会有大小不等的寺庙。

例如，我们此后到达的丁青县，有著名的孜珠寺，这是西藏最大的苯教寺庙；类乌齐县，有类乌齐寺，也叫查杰玛大殿，是全国重点文物保护单位。在西藏，往往会是这样，走着走着，不知道会从哪片草原或者哪条山沟，突然出现一些奇特的建筑，而它们往往就是国家级或者自治区级的文物保护单位。我们到过的这些寺庙的活佛或僧人也成了我们的宣传对象，事实上，后来也成了我们的捐赠人。

12

走过西藏，我们来到青海。

这里是我们不熟悉的地方，是我们以往人际关系所未能涉及的地方，不同地区的藏语还有很大区别。

进入青海的第一个县，是澜沧江源头的囊谦县。我们没有一个熟人，只有一个微博互为粉丝的网友"羊毛剪刀喀嚓响"。她的照片拍得很好，属于那种人类学调查一类的记录性摄影作品。我事先在微博上请求博主在这个县安排一下住宿，并留下了联系电话。当天，打电话，才知道她是一位女士。非常不巧的是，她此刻正在西宁，但她说，没关系，你们到达后，可以找一个叫扎西的小伙子。我们在县政府找到扎西，他已经安排好了食宿。我们问，这个"羊毛剪刀喀嚓响"是谁啊？扎西很惊讶："你们不认识吗？我以为你们是朋友呢！"后来，扎西告诉我们，那个网友，就是这个县的副县长。遗憾的是，直到今天，我们还未能谋面。

扎西按照女县长的指示，安排我们参观了囊谦县的寺庙，考察了这里的牧场。所有与牦牛相关的事物，都是我们的兴致所在。在囊谦寺，我们看到巨大的野牦牛头，像护法一样，放置在经堂的入口处。这里牧场上的牦牛，比西藏的更为密集。这让我们兴奋不已。小伙子扎西如数家珍地告诉我们，囊谦县与其他地区的不同之处。看得出他对家乡是如此的热爱。扎西还把我们牦牛博物馆征集藏品的启事贴在县政府门口，虽然当时并没有收到捐赠，但这也算是给我们做了一个广告啊。

　　继续北行，到达玉树。玉树两年前遭受地震，正在重建中，满城都是工地扬尘。素昧平生的玉树藏族自治州文联主席彭扎和玉树博物馆馆长尼玛江村，在这座帐篷城的一家帐篷宾馆接待了我们。彭扎主席对牦牛博物馆的创意大为赞赏，因为他曾经在黄河源头的曲麻莱县工作过，那里的牦牛文化很盛行。20 世纪 50 年代，十世班禅大师曾到那里讲过佛法，当地人民用了 500 多个野牦牛头搭成了一个巨大的玛尼堆，至今还在。彭扎在那里工作时还举办过牦牛文化节。后来，我们专程到曲麻莱县，见到了那里的野牦牛头搭成的玛尼堆，那些几近风化的野牦牛头骨，让我们垂涎欲滴，如果取走一个放在牦牛博物馆也是无可厚非的，但出于对当地宗教和文化的尊重，我们只是拍了几张照片。得知玉树博物馆正在征集藏品，我们向尼玛馆长提出，能不能在他们征集藏品时，遇到与牦牛相关的藏品，同时征集两份，一份给牦牛博物馆？尼玛馆长答应了。我们当即决定，聘请他为牦牛博物馆特聘专家。我们的摄像师兼司机王健在玉树最大的收获是，藏风歌舞团的一个小演员，长得十分可爱，但她的家境不太好，王健把她认作了干闺女，此后几年还给她不少接济。

　　青海省不愧为牦牛之乡。在高阔广袤的三江之源，在青海湖的南北岸畔，牦牛养育了 130 多万藏族人，成为传统经济中最重要的资源要素。20 世纪 80 年代，

用野牦牛头搭成的玛尼堆

十世班禅大师正是在青海牧区考察时说的那句经典的话："没有牦牛就没有藏族。"

在青海省会西宁，格萨尔学会的杨学武和江永两位老先生接待我们。杨学武先生曾经是玉树藏族自治州的老州长，江永先生是研究藏文化的老学者。两位先生说，你这个牦牛博物馆，最初听到，觉得有点儿奇怪，现在越想越有意思，这是件大事啊！需要我们做什么，只要我们能做到，一定全力以赴。江永先生说，格萨尔史诗一共有18大部，其中专门有一部就是说牦牛的，我将来要手抄一部，献给牦牛博物馆。

两年后，西藏牦牛博物馆开馆，我们把彭扎主席、尼玛馆长、杨州长、江永老师都请到了拉萨。

在西宁，还有一项重要安排，就是等待青海省委书记强卫的接见。强卫是我在

时任青海省委书记强卫会见田野调查小组

北京工作时的老领导，我们相识有 20 多年了。此行到青海，要向他汇报我辞职进藏创办牦牛博物馆的事情。一见强卫书记，他劈头第一句话说：

"雨初啊，我对你最大的意见，就是把牦牛博物馆办到西藏去了！为什么不办到青海来呢？你不知道吗，青海的牦牛是全国最多的啊！"

的确，从中国牦牛的分布而言，青海有 400 多万头，而西藏只有 300 多万头。但是，西藏有全国的援藏政策，而且，我的根还是在西藏。

我只好说，这个牦牛博物馆虽然办在西藏，但展示的范围还是全国的牦牛及其文化。按照强卫书记的建议，我们到西宁的青海藏文化博物馆和青藏高原自然馆参观学习，在那里得到很多的启发。

我们见面不久，强卫调到我的老家江西省去当省委书记了。

13

从玉树藏族自治州东行，就进入四川省的阿坝藏族自治州。我们在那里一个熟人也没有。

彭扎主席想起，他当县政法委书记时，与四川省石渠县政法委书记更嘎相熟，但更嘎已经调到甘孜县委当副书记了。他还是打了个电话试试，不承想到那么巧，更嘎书记恰好回到石渠县看望老同事，接到彭扎主席的电话，说到我们西藏牦牛博物馆的考察组要到四川省藏区进行田野调查，更嘎书记表示欢迎。

"你们运气真好，他好像专程到石渠接你们似的。"彭扎主席说。他像是火炬传递者，终于把手上的火炬传递给下一棒了。

在石渠县，更嘎书记与县里的领导、高僧一起，迎候我们，向我们献上了彩色的哈达。用王健的话说，更嘎书记形象很像陈毅，既有领导气派，又有雅士之风。更嘎书记知道我们此行的来意，非常热情地把我们一行4人请到他的家乡——著名的德格县。

　　更嘎书记的家，是一个传统的大家族，他父亲还健在，是一家之长，他自己的兄弟姐妹，加上儿孙辈，几十口人，共同居住在一所四4楼的大型藏式房子里。更嘎说，我也搞不清，可能有五六十人吧。

　　他的家族在一个四面环山、中间有河流的山谷里，川藏公路从这里经过，是一个封闭的山寨，这里有沙场、汽车修理厂、宾馆。

　　他的家也有一具特大的牦牛头，藏族人家大多以此来镇邪呢。

　　提到牦牛，更嘎书记说，过去我们都是靠牦牛过日子的。但是，很惭愧啊，你们现在做牦牛博物馆，我们却没有牦牛了。我们这一带，慢慢都不养牦牛了。我们还算是坚持到最晚的。几年前，家里还留下十几头牦牛，我姐姐负责放牧。因为我们这里的牧场都在很高的山上，路也比较远。现在发展商品经济了，我们就在川藏公路要道上经营各种副业，效益比较好，比如，河边淘沙、汽车维修、住宿餐饮，就这样，把牧养牦牛给放弃了。不过，你们要是看牦牛，我明天派我侄子带你们去八蚌寺，既可以看牦牛，又可以朝佛啊。

　　第二天，更嘎派他侄子给我们带路，朝拜了八蚌寺。让我们感受最深的，是四川藏区这一带地形的险峻，起伏跌宕，惊人的美，藏在惊人的地势中。牦牛，曾经是这里最主要的运输工具。如今，汽车取代了它。社会在进步，人们没有必要永远固守在传统当中。

　　更嘎书记问我们，下一站还要去哪里？我们说，还要从这里往北，走过甘孜州，再去阿坝州。更嘎得知我们一路上都没有熟人，他又像火炬传递一样，给了我们下一站的联系人。

我们在四川藏区走过了 10 余个县，每一处，都是靠这种火炬传递式的联系，使这些以往只是在地图上和传说中的地名，成为我们牦牛田野调查的调查点。

我们的特聘专家娘吉加，参加西藏自治区党委组织部在四川大学举办的优秀专业人才培训班，正好有几天假期。我们让他从成都赶过来与我们会合，参加我们下一程的田野调查。我们约定在炉霍县的一处乡村见面。娘吉加坐着长途班车，翻越二郎山，为了不至于在路上错过，我们把越野车停在路口，把车门打开，在车门上挂上一条上等的阿细哈达。这样醒目而隆重的标记，让长途班车在很远的地方就能看见。等到娘吉加下车时，满车的乘客都以为他是某个大活佛呢。

娘吉加曾攻读西北民族大学藏学专业硕士，在藏区有很多熟人，因此，我们的火炬传递又多出了新的线索。

娘吉加手头正好带着一本西南民族学院的学刊，其中有一篇写道，色达县有一处野牦牛神山。我们参观过规模巨大惊人的五明佛学院后，一路打听，找到了这座野牦牛神山。当地正下着小雪，我们跟一位曾经在拉萨当过石刻匠的藏族女子进到她的家。她用汉语向我们讲述野牦牛神山的来历，并带我们前往神山朝拜。王健此时抓拍了一张我的照片，这张照片后来成了我的经典照。

在那位牧女的带领和指点下，我们来到神山的一处朝拜点，庄重履行了朝拜仪式，向这座从书本上知道又在现实中找到的野牦牛神山敬献了哈达。

囊塘县的藏瓦寺，是藏传佛教中一个特别的教派——觉囊派寺庙。我在北京工

王健此时抓拍了一张我的照片，这张照片后来成了我的经典照

作时，曾经结识这个教派的法王健阳先生。虽然他当时只有 30 多岁，但我对他的慈悲、智慧和学识以及性情有些了解，我们成为了好朋友。此次一定要到他的寺庙去看看。但不巧，健阳先生正在内地。而娘吉加的同学正好是襄塘县委统战部的部长，他带我们去藏瓦寺。

藏瓦寺可不是我过去想象的一个小寺庙，规模是想象不到的宏大，都是在健阳的师父和他本人手里恢复和修建起来的。正在兴建的一座佛塔，据说投资达数亿之巨，都是健阳先生募来的款项。尼玛次仁对桑旦拉卓说，现在多康地区的人还到拉萨去朝佛，再过 20 年，恐怕西藏的人要到这里来朝佛了。

到达藏瓦寺时，健阳活佛通知的寺庙的一拨人，县委通知的当地政府的一拨人，都在镇口迎接我们，似乎我们是什么重要人物似的。由此，我们才感觉到，在不经意间，牦牛博物馆的感召力是多么强大啊。后来，健阳先生来到拉萨，参观了牦牛博物馆，大为赞赏。

红原，盛产一种"麦洼牦牛"，是过去麦洼部落的特产。红军长征跨过的草地，就是这里。这里的藏族群众曾经用牦牛支持过红军。红原县，据说是周恩来取的名，意为红军走过的草原。

我与这个县的县委书记何飙，也是在微博上互为粉丝而结识的。到达红原那天，我先电话告知这位何书记，他执意要迎候我，我恳切地告诉他，千万不要等，因为我们会到得很晚。只要县委办公室帮助我们把招待所给订好，我们直接入住招待所就可以了。何书记便让县委接待办的卓玛联系我们，卓玛把住宿安排好了，并电话

何飙书记和我

告知我们。那天，我们奔波了700多公里的泥土路，到达红原县已经是晚上12点了。按照卓玛电话告知的地址，我们入住了县宾馆。这时，卓玛打电话，问我们到哪儿了。我说，我们已经入住宾馆了。卓玛很快赶过来，有点沮丧地对我说：何书记让我接你们，我们的车一直在城门口等着，我坐在车里只打了两分钟瞌睡，你们的车就进来了，让我没接到你们啊！

何飙书记第二天一早与我们见面。何书记看上去很文雅，是一个非常有思想、很想做事情的县官（现在已经当副州长了）。我在官场待过多年，知道一个县的一把手有多忙，所以诚心请何书记忙自己的工作，派个工作人员给我们当个向导就好。但何书记一定要亲自陪同我们，参观红原县的麦洼牦牛良种选育场，参观红原县最好的草原，从红军过草地，一直讲到今天红原的发展，让我们收获颇多。而且，他知道我们博物馆尚在筹建，手头不宽裕，把我们4个人食宿费用全部免了，我们感到很过意不去。

临行前，何书记感叹，你们那个牦牛博物馆要是办在红原就好了。因为此前，他曾经在微博上问过，能不能把牦牛博物馆办到红原来？

14

进入甘肃省。九曲黄河第一弯，甘肃省的第一牧业大县。娘吉加的朋友万玛是这里的常务副县长，一个特别能干、务实又有现代理念的藏族干部。说起这里的牦牛，万玛县长的话就多起来了。他说，这里的牦牛，是甘肃省最好的品种，现在人们管它叫"阿万仓牦牛"，尽管学术界还不认可这个叫法。究竟有多少牦牛？万玛县长问我："你是要官方数据，还是真实数据？"我说："两个都要。"万玛县长笑笑告诉我，如果是官方数据，就算是100万头吧。因为我们一直在限产，是为了保护牧场，减轻草原的载畜量。那么，实际上呢，群众不太理解，也很难执行，每个牧民都希望自己家的牦牛多一些。据我们估计，真实的总量应该在150万头。

哦，官方统计与实际数字差得如此之大啊。

我们到甘南牦牛良种选育场考察，这个品种的牦牛的确是品种优良，个头硕大，难怪牧民不愿意宰杀它们。

中午，万玛县长请我们到一家"太阳部落"私家餐馆吃饭，一家很有特色的餐馆，完全是模仿帐篷结构的民族餐馆，据说，这是当地一位叫才干的能人开的，但主人今天不在。吸引我的，倒不是这里的餐饮，而是放置在餐馆的两具巨大的牦牛头。我无心吃饭，几次离开餐桌，痴迷在那两具牦牛头前。我肤浅地判断，这两具

甘南玛曲县常务副县长万玛与田野调查小组

牦牛头肯定有一些年代，但不敢说是什么年份的。我无法张口问它的价格，一是不知道主人是否会出售，二是不知道即使出售会是什么价格。如果主人开出天价来，以后连回旋的余地都没有了。

关于这两具牦牛头的故事，第二年有了继续，后面还会说到的。

甘南一行，我们有娘吉加的朋友关系，一路走州过府，吃香喝辣，全然是民间接待。

到了著名的拉卜楞寺，娘吉加的胞弟加羊宗智，在拉卜楞寺当喇嘛。宗智长得十分英俊，我们的照相机总是对着他拍，弄得他有点儿不好意思。我们跟娘吉加开玩笑，应该让你去当喇嘛，让你弟弟还俗，他这么英俊，不知道要迷倒多少妹妹呢。

在加羊宗智的僧舍，他像款待贵宾一样，煮肉、打茶、做饭。他的汉语不那么流利，不停地重复："你们辛苦了，吃啊，吃啊，吃啊！"

加羊宗智在拉卜楞寺的医学院当僧医，每年都要外出采集草药。我问他，你知道牦牛吃的什么草吗？你能给我们采集到吗？你会做植物标本吗？当得到肯定的回答时，我特别兴奋，觉得这是一个意外的收获。我们一座以自然科学和人文科学立意的博物馆，其中的植物标本却是由一个宗教人士制作的，这是多么有意味的事情啊！

第二年，加羊宗智喇嘛把他采集的几十种牧草标本，仔仔细细压制好，用塑料夹页一件一件地夹好，用藏文写上说明，装成满满一纸箱，给我们寄来，成为我们博物馆的植物标本藏品。（我们馆藏的植物标本的另一部分，来自西藏高原植物研

娘吉加与其僧人小弟加羊宗智

究所的植物学家土艳丽女士。）

到达甘肃省会兰州，我们急不可耐地来到甘肃省博物馆，要寻找传说中的青铜牦牛。据说到甘肃省博物馆，最重要的是要看"一马一牛"，"马"即"马踏飞燕"，"牛"即"青铜牦牛"。看到青铜牦牛，我们兴奋得一个劲儿地拍照，可拍到后来，发现说明牌上写着"原件藏天祝县博物馆"，工作人员如实地告诉我们，这里展出的是复制品。省博物馆曾经借展过，后来被天祝县要回去了。

我们心有不甘。通过娘吉加的师弟，现在西北民族大学读博士的朋友，求见该校博士生导师、天堂寺第六世活佛多识仁波切。据说，他才是青铜牦牛的发现者。

在多识仁波切的寓所，我们见到了这位大师。起初，多识仁波切认为我们只是慕名来访者，表现得并不热情。但当我向他说明来意，简单介绍了牦牛博物馆的创意，多识仁波切开始兴奋起来。他从牦牛对藏族的恩惠，讲到牦牛的文化意义，引经据典，说根敦群培大师在其著作里早就讲过，雪狮不是藏族的象征，也根本不存

多识仁波切在家中会见田野调查小组

在，牦牛特别是白牦牛，才是藏族的象征。有关牦牛，多识仁波切著有多篇诗文赞颂。当我拿出笔记本请他为牦牛博物馆题上一句话时，他写了满满一页藏文，翻译成汉文的意思是：

> 牦牛是藏民族特有的一种家畜，与藏民族的文化、生活习俗、地理位置有密切的联系，将其纳入藏族历史文化范围之内进行研究，具有非常高的价值。因此，此项工作值得肯定和欣慰。

多识仁波切给我们讲述了青铜牦牛的来历。那是 1972 年天祝县哈溪公社修建饲养院时，由当地农民挖出来的。农民把这个铜疙瘩交给人民公社的废品收购站，准备运去化铜水。多识仁波切时任该县文教局副局长，听说此事，立即到废品收购站去看，觉得这是一件文物，便要买下来。但当时作价 360 元。多识仁波切没有那么多钱，东拼西凑，凑够钱后，把这件铜牛搬了回来。多年之后，经过国家组织专家反复论证，鉴定为国家一级文物，也就是一般所称国宝级文物。

多识仁波切谈起牦牛便兴奋不已，后来，他为牦牛博物馆用藏汉两种文字题写了书法"神牛"，并欣然受聘为我们的顾问。

尽管知道青铜牦牛的来历，我们还是要亲眼看看这件国宝的原件。于是，我们驱车前往天祝县。青铜牦牛收藏在天祝县博物馆，我们就直奔县博物馆。

我事前找到了该馆馆长李生云的电话，拨通他的电话，自我介绍说，我是西藏牦牛博物馆筹备办公室，想来看看青铜牦牛。李生云用特别难懂的当地方言说："我不在天祝，我在兰州。你是西藏什么馆？你的电话号码不是北京的吗？现在北京的骗子多得很哪！"说完，就把电话挂了。

我无奈地叹叹气，那我们就参观一下天祝县博物馆吧。到了博物馆，看门人告知，博物馆内部维修，不开门。我们转身之际，尼玛次仁和桑旦拉卓听到背后的说话声，那个李生云馆长就在楼上，就是他告知看门人说不开门的。

我们只好把电话打到省里，再从省里找人打电话到县里，第二天，到天祝县博

天祝县收藏的青铜牦牛原件

物馆终于见到了李生云。

李生云，外号"李牦牛"，既喜欢现实的牦牛，更痴迷艺术的牦牛。他多有牦牛艺术作品，天祝县广场上有一座 960 吨重的石质牦牛雕塑，就是他创作的原稿。

我向李牦牛做了自我介绍，并介绍了牦牛博物馆的创意，李牦牛说："老哥啊，你这是做了件大事啊，我还把你当骗子呢！"

我说，我们看了你的作品，就是广场上那尊雕塑，非常有气派啊。李牦牛憨厚地笑笑："我把这件作品的创作小样捐赠给你们牦牛博物馆吧！"

在这里，我们看到了青铜牦牛的原件，震撼不已。这件侥幸遗存的宝物，是藏族古老牦牛文化的证物，具有重要的历史价值和艺术价值。

接下来的问题是，我们牦牛博物馆非常希望能够有一件青铜牦牛的复制品。但是，找谁复制？怎么复制？复制的价格多少？复制品如何运输？此后的 3 年多时间，出现过商家、出现过掮客，有过很多波折，发生过许多故事，没有人能想到，戏剧性的转折，发生在拉萨。

新任拉萨市市长的藏族干部张延清，家乡就是天祝县，他胞弟曾经担任过天祝县的县长和县委书记。张市长知道我特别想要有一件青铜牦牛的复制品，他对我说，在牦牛博物馆展示天祝县的青铜牦牛，这无论对天祝还是对拉萨，都是好事啊，这事我来办。

我们等了又等，终于在西藏牦牛博物馆开馆的前一周，由天祝县委、县政府捐赠的青铜牦牛复制件运到了拉萨！

15

　　我年轻时在藏北工作时，曾经走遍了藏北的每一县（办事处），特别是西部的班戈县、申扎县、双湖办事处（后来叫特别区，再后来成为全国最后建立的一个县尼玛县）、文布办事处（后来并入了尼玛县），那里荒凉、空旷、壮美，给我留下了深刻的印象。那里很多地方曾经是"无人区"，当时的申扎县县长洛桑丹珍，因为当地草原资源匮乏，带领着一群牧民向北方寻找新的草场，开始了开发无人区的艰难历程。双湖就是20世纪70年代开发的一个新区，我带着一个治穷致富工作组，在那里待过3个多月，备尝艰辛。时任地委书记的洛桑丹珍非常看好我，他的本意是让我在那里的基层锻炼，以作为后备干部使用。他调往自治区工作后，接替他的地委书记李光文，知道我对西部有了解，有一定的工作经验，便征求我的意见，说现在打算将文布办事处组建为一个新的县，就叫"尼玛县"，"尼玛"在藏语里，是太阳。尼玛县的土地面积有15万平方公里呢。你愿不愿意去承担组建新县的任务，去当世界上唯一的太阳县的第一任县委书记？当时，西藏自治区党委宣传部已经决定调我，自治区首府拉萨对我还是很有吸引力的，我谢绝了这项提议。历史不能假

漫漫田野调查路

设，个人经历也不能假设，如果那次我去组建尼玛县，我个人的履历可能就是另外一种写法了。

现在，我们牦牛博物馆田野调查小组来到了藏北高原的西部。

第一站是班戈县。这里的县委书记巴塔，是一位各方面素质都非常优秀的年轻干部，如果按照辈分，他应该管我叫叔叔的，因为我与他父亲——那曲地委组织部原常务副部长昂强巴在藏北工作时相熟。班戈县就在西藏第一大湖纳木错边，海拔很高，但风景极美。我过去多次来过这个县，20多年后再度来到，原先那个只有几排房子的县址，现在已经初具规模了。有意思的是，这个县的街道上居然设置了3个红绿灯，还出现了TAXI（出租车），从牧区来的百姓，花5元钱，坐着出租车，在县城唯一的大道上从东坐到西，再花5元钱，从西坐到东，乐此不疲。

巴塔书记向我们介绍了该县的"谐钦"，一种牧民圆圈舞，曾经在自治区获得过最高奖励，还到北京中南海勤政殿演出过。巴塔给我们播放了这个舞蹈的光盘，简直精美绝伦。不能想象，那些平时放牧牛羊的男女，在传统的民歌旋律下，是如此的高雅、如此的优美。我完全陶醉了。

班嘎谐钦的歌词也非常优雅而质朴：

起舞吧！太阳升起的东方

向东方金刚萨埵菩萨供奉

请看吧，我们的卓舞

供奉美妙的卓舞

起舞吧！太阳升腾的南方

向南方宝生佛供奉

请看吧，我们的卓舞

供奉美妙的卓舞

起舞吧！太阳回落的西方

向西方无量光佛供奉

请看吧，我们的卓舞

供奉美妙的卓舞

起舞吧！太阳消失的北方

向北方不空成就佛供奉

请看吧，我们的卓舞

供奉美妙的卓舞

　　巴塔书记将此赠送给我们，后来我们把这个舞蹈作为牦牛博物馆公共区域的多媒体资料，反复地播放。

　　再往北走，是西藏第二大湖色林措边的申扎县。这里是桑且拉卓的家乡，也是那个向我们捐赠第一件藏品牦牛毛帐篷的主人日诺所在的地方。我们投宿在日诺家。

　　日诺家像过藏历年似的，桌子上摆满了干肉、奶渣、白酒和啤酒，以迎接最尊贵的客人的方式款待我们。日诺对我们的牦牛博物馆有着天然的理解。他带我们看他家的牦牛，介绍每一头牦牛的特征和性情，还送给我一具牦牛头，说是一般的牦牛自然寿命可以活二十一二岁，这头牦牛活了 27 岁，是他见过的最长寿的牦牛。他把自己家包括乡亲们家跟牦牛相关的老物件都给我们搜寻来。

　　我想起在北京向郭金龙同志汇报时，郭市长专门向我提起，在没有墨镜的年代，牧民用牦牛毛绒做成眼罩防止雪盲，我问日诺见过这种东西吗，日诺说，小时候见过。于是，我们在现场用牦牛毛绒仿制了一个。

　　日诺戴上后，我们哈哈大笑起来。是的，过去的牧民用的就是这个。我后来将此发到微博上，很多网友纷纷点赞，说太酷了！能不能买到啊？

　　晚上，我们聊天时，我向日诺讲到，我在1981年2月，与他的表兄，即桑旦拉卓的父亲次仁拉达第一次来申扎县雄梅乡的情景。那年冬天特别寒冷，我骑着马走过这片草原，差一点冻死了，是一位老阿妈救了我，她用自己的衣襟温暖我这个陌生人冻僵的双脚。30年过去，不知她是否还健在，如果健在，我要去看她，向她感恩。日诺听我说那老阿妈的特征，说她已经去世了。日诺说，我们这里的每个牧人，在你遇到困难时，都会这么做的。

　　深夜的草原，一阵阵微风吹过，我还是想着那位老阿妈。是的，30年过去了。我们在西藏工作过的汉族人，谁没有得到过藏族朋友的帮助甚至恩惠呢？

　　双湖，曾经的无人区，世界上海拔最高的县，县城所在地就达4900米。20世纪80年代，我在这里搞工作组时，最深的印象，就是没有人，无边的空旷、寂寥。但这里是野生动物的乐园，野牦牛、藏羚羊、藏野驴，成群结队。有一次，我们见到过上万头藏羚羊的迁徙。志愿者王健来到这里，号称"不高不舒服司机"，壮丽的风光让他激动不已。也正应了我的一句话："最美的风景在海拔5000米以上。"

　　在双湖，我们了解到，随着《中华人民共和国野生动物保护法》的落实，这里已经成为国家级羌塘自然保护区。当时我们在这里，还可以打猎。现在，这里老百姓都成了自然保护区的义务保护员。比如，野牦牛已经成为国家一级保护动物，其存量已经回升，估计已经达到 2 万头。我们所征集到的野牦牛头，大多是多年前自然死亡的。有一些野牦牛是在更遥远的无人区，因为大雪冻死或饿死的。野生动物保护的成果，与中华人民共和国枪支管理有很大关系。我们当年在这里工作都是合

藏北牧民日诺

法配枪的，但现在除了军警人员外，其他人员都取消了合法配枪。管住了枪，就是对野生动物最好的保护。

30 年前我们在这里搞工作组时，常常有牧民来找我们诉苦，说是野牦牛、野羚羊和野驴侵害了他们的牧场，家牛家羊都没有草吃了，还要保护野牛野羊？在春夏之交，有的牧民家把头年冬宰的牛羊肉吃完了，又跑来找我们，要求我们帮助打几头野牛羊，帮他们渡过春乏关。现在，牧民都学会了与野生动物友好相处，而更重要的是，政府会从财政拿出足够的资金，补偿给这些因为保护野生动物而自身利益受损的牧民。

我不知道，如果当年我来尼玛县当第一任县委书记，会不会把县城所在地选在现在这个位置，因为我对当惹雍措湖边的文布乡情有独钟。

1985 年，我们拍摄藏北历史上第一部纪录电影《万里藏北》，来到当惹雍措，我当时被这里的美景惊呆了。我在西藏高原走南闯北，到过很多地方，从来没有哪一处湖泊让我如此震撼。我难以用文字描述它的美，只觉得这湖水像是固体的，整个儿就是蓝宝石的感觉。那一年，我在湖边生病，发高烧，我在想，要是我死了，能死在这个地方多好啊！

27 年过去，再次来到当惹雍措湖边，我的志愿者王健竟然发出了同样的感叹："我要是能死在这个地方多好啊！"

当惹雍措，是西藏最大的苯教神湖，它的远方是苯教最著名的达尔果神山。湖边有一座苯教寺庙文布寺。我们朝拜了这座寺庙，发现这座寺庙的墙上堆满了牦牛头，全都是朱砂染红，牦牛头上刻着苯教的八字箴言："唵嘛智耶因萨林多。"经过驻寺工作组同意，我们收集了一具苯教的牦牛头，作为我们博物馆的藏品。

1985 年羊工作组在双湖

16

通过大北线，继续西行，就从那曲地区进入阿里地区了。我们在阿里地区又没有任何熟人关系了。

西藏自治区纪委书记金书波，是我们 1976 年同一批进藏的老朋友，也是我们那一批同学中坚守最长的老西藏。近年来，他负责联系阿里地区的工作，去过阿里很多次，每一次都待很长时间。利用工作上的便利和空隙，他深入地考察研究比吐蕃文化更为久远的古代象雄文化，写出了一本专著《从象雄走来》。我在该书出版前拜读了全书文稿，非常震撼，写了一篇《心为之动　神为之夺》的书评，发表在《光明日报》上。

现在，我们牦牛博物馆的田野调查组要到阿里，只能求助于老朋友了。书波既出于对老朋友的友情，也因为他对牦牛博物馆的支持，给我开列一个名单，到哪个县找谁，电话号码是多少，全部安排好了，而且让秘书小张事先通知。这就给了我们极大的便利。

我们按照书波提供的联络图，走过改则县、革吉县和噶尔县，那里的地形地貌

与金书波到阿里进行田野调查

与藏北相似，尤其在改则一段，至今仍然没有柏油路，一路颠簸，好不容易到达狮泉河。在这里，我专程拜谒了老朋友孔繁森的墓地和进军西藏先遣连的英雄。

阿里之行最重要一站是日土县。从陕西来的援藏干部、县委书记崔大平和常务副县长郭勇得到通知后，开车到30公里外的一处岩画点迎接我们，向我们献了哈达。在日土县城，附近的一处高山上，也有岩画点，我们忍着强烈的高山反应，爬到山上去考察拍摄。在那里拍摄的岩画图案，其中一个后来经过我的设计加工，成为今天西藏牦牛博物馆的Logo。

我们的目标，一是寻找日土的岩画，二是拍摄金丝野牦牛。

崔书记和郭县长为我们安排了最熟悉情况的两位向导，一位是老森林公安，这里虽然没有森林，但属于自然生态的都归森林公安管；另一位是县电视台的胖摄像，他参加工作前，就是当地的牧民。

我们在人迹罕至的郭务乡的一座海拔5000多米的山壁上，找到了一面山体的巨型岩画。虽然高山反应严重，但还是兴奋不已。我们大口地喘着粗气，不停地拍摄。

据岩画研究学者张亚莎分析，这些岩画的年代大约可以追溯到距今3000年前。但究竟是什么人、为了什么、用什么工具，在这样荒僻的山上，留下了这些岩画？这面山体岩画上，最多的图案，就是人和牦牛。这些排成一队队的人，是当地人，还是外来人？他们从何而来，因何而来，往何而去？当地的文字史，还没有追溯到那个年代，只能是我们自己，面对苍天和荒原想象。有趣的是，因为岩画上的人物都是向左侧着身子，从透视关系，当然就只能是看到右腿了，于是，当地人就说，那些画上都是"一条腿的人"。我来到这里时，带了登山拐杖，我开玩笑说，再过3000年，人们会不会管我们叫作"三条腿的人"。

郭务乡的岩画，是我们所见西藏诸多的岩画中，面积最大、图案最集中、内容最丰富、人与牦牛关系最突出的一处岩画。看到这面岩画时，我就想，一定要在未来的博物馆，将这面岩画复制下来、展示出来。因为像我们这样身临其境，零距离观赏岩画，毕竟太困难了。现在牦牛博物馆第四展厅，就复制了这面山体的岩画，观众在此无不惊叹。

接下来的任务，是寻找并拍摄金丝野牦牛。

金丝野牦牛，是野牦牛中的一个奇特的品种。它的珍贵，甚至要超过大熊猫。

郭务乡的岩画

头一年，中央电视台的摄制组来到这里，拍摄到金丝野牦牛，居然上了《新闻联播》，说本台记者拍到了金丝野牦牛。新闻里说，金丝野牦牛的存量不到 200 头。因此，"拍摄到"这件事，本身就成了新闻，可见它的稀罕和珍贵。

我们夜宿在 219 国道边的多玛乡。乡长请我们晚饭时说，能不能拍到金丝野牦牛，要看你们的运气啰。我在这个乡当了 6 年乡长，一共只见过两次金丝野牦牛，一次只见到一头。我们几个人不由得在心里暗自祈祷——我们是为了筹建牦牛博物馆才来寻找并拍摄金丝野牦牛的，希望好运！

第二天天不亮，我们就启程了，也不知道一整夜的祈祷管不管用啊。我们的向导太棒了，这无边的荒原，哪儿有沟壑、哪儿有冰雪，全然在胸。大约 3 个小时的车程，到达这座野牦牛山。

车子停在一座海拔 5500 米的山口。那个曾经在这附近当过牧民的胖向导走下车，四处环顾了一下，喃喃自语地说：

"应该就在这里啊。今天它们到哪儿去了？"那神情，绝对像是说他自己饲养的家畜似的。

然后上车，继续前行，不到 300 米，胖向导神秘地用手做了一个停止的手势，

金丝野牦牛

用近乎滑稽的语调说："它们就在那里！"

天哪！我们真的看到了金丝野牦牛！

我们的心跳动得厉害，但大气不敢直出，慌乱地抄起各自手中的照相机和摄像机。

在早晨的阳光下，那些金色的宝贝，被映得金光闪闪。它们缓缓地踱着步，从山腰往山顶走去。它们全身都是金色的毛绒，显示着野牦牛当中最高贵族的气派。如果不激怒它们的话，那种沉稳的形态、庄重的步履、憨厚的眼神，让人喜爱不已。当然，如果它们感到威胁或是被激怒，那么，它们的野性也是十分可怕的。

神山岗仁波钦

胖向导告诉我们，金丝野牦牛的警惕性很高，它能在很远就嗅着人的气味，所以，我们不能靠得更近。

我们细数了一下，一共有21头。我们问胖向导，中央电视台报道不是说有200头吗？胖向导说，哪有那么多啊，我小时候就在这一带放牧，就是这些了。当然它们也有自己的繁殖和淘汰。

我们的运气真是太好了！

拍摄完成，金丝野牦牛也翻过山去了。我们忘却了这里是海拔5500米的高度，从车上搬下我们的酒和干粮，开始庆祝。我们打开一瓶二锅头，向胖向导敬酒，忍不住使劲亲了胖向导一口。

牦牛岩画拍到了，金丝野牦牛也拍到了，阿里之行，天遂人愿。我们从219国道折返到扎达县和普兰县。在金书波的《从象雄走来》一书中写到的古象雄之都穹隆银城捡到了一块古代驮具的残片，遥想牦牛从远古时，就开始为藏族人服役效力，今天我们做牦牛博物馆，不就是为了把一切记录下来吗？

沿着219国道，车过岗仁波钦，这座苯教、佛教、印度教、耆那教共同供奉的神山，我和王健、尼玛次仁、次仁罗布，都向这座伟大的神山磕头致敬。我在心里许愿，等我们建成了牦牛博物馆，我会再来朝拜转山。两年多后，我来还愿了，用两天时间，步行了56公里，感激神山。

而现实中，我们这次阿里之行的成功，要感谢金书波老友。11月7日晚上，非常寒冷的一个夜晚，我们在圣湖玛旁雍措边的民间客栈宿营。我与书波兄通电话。

此时，他正在北京参加中共十八大。第二天，中共十八大召开。书波在调往北京前，还将他保存的野牦牛头捐赠给了牦牛博物馆。

这一次牦牛之旅，前后近两个月，总行程 1.2 万公里，到了 4 个省区的 47 个县。我们只有单独的一辆越野车，路上仅仅扎了一次轮胎。我们越来越对牦牛博物馆充满信心了——做功德之事，必有天助啊！

返程路上，我们在 219 国道 2014 里程碑处留影，一定要在 2014 年建成牦牛博物馆。

我们在 219 国道 2014 里程碑处合影

17

有一段时间，我醉心于人类学知识的学习。王铭铭的《人类学是什么》，给了我许多通俗的知识和重要的理念。我希望把牦牛博物馆办成一个人类学博物馆，人类学的基本知识成为我本人和工作人员的必备。我和工作人员一起学习。我还读到了陈怀宇先生的《动物与中古社会政治宗教秩序》，书中说，"动物是人类最重要的朋友，与神同样重要"。

有一天，娘吉加带着四川大学的陈波博士来到我家，陈波是人类学博士，正要去哈佛大学做访问学者。我问他能不能就人类学的田野调查方法给我们讲一次课，陈波谦虚地说，不叫讲课，算是一起讨论吧。我连忙通知我们筹备办的几个孩子马上到我家，听陈波老师和娘吉加老师讲人类学的田野调查方法。我和那几个孩子一样，根本不知道人类学为何物。就是这样，缺什么就学什么补什么。

几天后，我拟就了一个田野调查提纲，把我手下仅有的几个工作人员派出去进行田野调查了。

以下是我们的田野调查提纲：

人类学博士陈波给我们讲述田野调查

一、调查意义及目的

　　牦牛是青藏高原特有的大型哺乳动物，数千年来与藏族人民相伴相随，以其一切成就了藏族人民的衣食住行运烧耕，涉及高原的政教商战娱医文，并深刻地影响了藏族人民的精神性格，形成了独特的牦牛文化。

　　正在筹建中的牦牛博物馆，是一座文化人类学特性的博物馆，并且要建成中国第一座以牦牛为主题的、以牦牛精神为建馆理念的专题博物馆。

　　通过此次田野调查，主要目的是培养牦牛博物馆工作人员独立地进行田野调查的能力，以便进入展陈大纲的修订，并为展陈大纲获得自己采集的原始资料；提高工作人员的实地工作能力；加强工作人员对于牦牛、牦牛与藏民的关系及牦牛文化的深入认识，等。

二、调查任务及安排

（一）调查任务

1. 所在地区基本情况调查：包括行政区属、海拔、气候条件及变化、人口构成、当地特色、特产等。

2. 牧民的基本情况调查：包括所在人家的具体地址、人口数量、彼此关系、年龄、性别、职业、受教育程度及家庭的经济状况等。

3. 牧场及牦牛的详细情况调查：包括牧场的基本信息，牦牛数量（公牛、母牛及其年龄构成、各自的数量）、名字、公母、特点、贡献，以及12个月当中每个月份牦牛的生理状态如出生、长牙、换牙、成熟可生育、交配、孕育、出栏率、宰杀年龄等，如果是农区要有季节的生产状态，如春耕、夏忙、秋收、冬闲等都做什么。

4. 牦牛与牧民之间的关系调查：包括几代藏人和牦牛之间发生过的真实的故事；在当地的节日中哪些会用上牦牛，体现出牦牛的价值和地位；所用与牦牛有关的生活、生产工具、对象；从事放牧、挤奶、生牛犊等唱的歌曲、经文等。

5. 条件允许下征集相应藏品（具体要求见捐赠启事）。

（二）调查安排

1. 人员：次仁、拉卓、卓嘎、尼玛每个人各自为一组去到不同地方。

2. 时间：为期 7 ~ 10 天。

3. 资金：每人 1000 元调查费。

4. 交通：自行解决。

5. 地点：自行选定（可以是自己最为熟悉的并且要有代表性）。

6. 对象：自行选定（熟悉的藏民家或村子）。

三、调查要求

（一）摄影记录

可利用自身携带的手机、相机等设备，有针对性地进行录制。

（二）文字记录

文字表述尽可能全面、详细、准确。

1. 可以自制调查表格，如问卷、藏品登记表、文化特色事项登记表等，各项必须认真准确。

2. 访谈速记，尽可能写清楚谁说、怎么说，配合录音完成。

3. 私人日记，个人的各种各样的感受体会。

4.调查日志，要求每人都必须完成，包括调查时间、地点、内容、讲述人情况、收获、新认识及存在的疑问或教训等。

（三）照片记录

根据调查任务随时进行影像的记录，并且当天记录的东西必须当天整理、命名、做好备注等事宜。

（四）访谈

访谈有两种类型，一是结构型访谈，即问卷访谈；另一种是无结构型访谈。

1.结构型访谈又分两类，一是回答问题的方式，即田野作业者根据调查大纲，对每个受访人差不多问同样的问题，请受访人回答问题。二是选择式，即田野作业者把所要了解问题的若干种不同答案列在表格上，由受访人自由选择。前一种方式人类学研究者使用较多，后者社会学和心理学研究者使用较多。

2.无结构型访谈，即非问卷访谈，事先没有预定表格，没有调查大纲。田野作业者和受访人就某些问题自由交谈。

（五）调查专题报告

1.调查结束后，立即着手整理调查资料，运用文化人类学、历史学、社会学、考古学、自然科学等的原理、理论、方法对材料做综合分析，提交比较系统的文本。

2.这就要求调查者具备一定的相应学术的基本知识，要在调查前期有一个准备阶段，通过网络、书籍等各种渠道学习、了解相应理论体系。

3.调查专题报告的基本格式：

①调查起因、目的、经过和当地自然地理环境、历史沿革、民族、人口状况等的说明。

②调查内容包括问卷、访谈、答疑、自由交谈等内容的逐项梳理、介绍和理论分析。

③主要收获和认识。

（六）其他

1.刊登捐赠启事的报纸（汉文与藏文版）随身携带。

2.费用支出要做详细记录，以便回来入账。

3.按规定每人每天有差旅津贴。

四、调查方法及访谈技巧

（一）此次调查需要采用参与观察、个别访问和实拍实录等相结合的方法。方法上要坚持"六到"

1.眼到：眼观六路（即空间上的上下、里外、前后），观察讲述者和旁人的言行举止、态度表情，迅速捕捉到文化的独特现象。

2.脚到：脚要勤，牧场湖边，房前屋后，并且跟随受访者劳动。

3.心到：随时保持好奇的心灵，这是什么？叫什么？为什么是这样？做什么用？为什么在这里？怎么来的？与别的有何不同？等等。

4.口到：不懂就问，想到就问，问讲述者，也要问别的当地人（青年、少年、老人、中年人、小孩）。

5.耳到：听当地人在说什么，关心什么；听不同的人说不同的事，听同一个人说不同的事，听不同的人说同一件事。要注意辨别文化的同质异形和同形异质现象。

6.手到：摸一摸，实际感受，采集标本，准确填写卷标，记录、绘图、摄影、录音。

（二）访谈技巧

1.要善于引导讲述者与你对话，营造良好和谐轻松的交流氛围。

2.要围绕中心议题提出问题，思路一定要清晰，不要被人牵着鼻子走，善于避实就虚和避虚就实。

3.忠实记录访谈内容，包括讲述者的性别、年龄、职业、语气，讲述的场景，在场的人的不同反应，等，不加任何个人的主观判断。

4.问题不能太宽泛，要有针对性，尽可能不让人不屑一顾或答非所问，如果出现此种情况，不要急于打断别人，更不要责备，可以寻找适当时机转入正题。

5.尊重访问对象,记录、拍照、参观等都要先征得同意;文明礼貌、举止大方。

五、其他要求

1.带好身份证,以备检查。

2.在调查过程中不涉及政治。

3.注意防盗。

4.自己选择交通工具,确保安全。

5.女性出门尤其要注意安全。

6.调查期间,每天给筹备办打一个电话或发一个短信报平安。

事实上,对我本人来说,最重要的是最后一条,就是孩子们的安全。每一天,我都提心吊胆,害怕出什么问题,要是孩子们没有电话或报平安,我就心急如焚。直到有消息了,才放心入睡。

一周之后,孩子们都平安回来了。看着他们行前都有点儿紧张和压力,回来却都兴高采烈的,都说,谢谢老师给我们这个机会,都急着要向我汇报。

我说,你们先休息好。至于汇报嘛,第一,不能只是口头汇报,每个人都要把这个调查小结做成PPT。没做过?不会做?那就学吧。我一个老头都能学,你们年轻人有什么学不会的?第二,不能只是向我汇报,汇报的时候,我会找外面的专家来一起听。

　　几天后，我请了娘吉加、嘉措、王健、余梅等人参加，在北京援藏指挥部的会议室里，气氛很庄重严肃，但孩子们的汇报，让在场的人无不为之感动。他们从来没有学习过人类学的知识，从来没有接触过博物馆，但他们的汇报说明，他们天然地领会了人类学，他们真正理解了牦牛博物馆。

　　以下是 4 位工作人员的田野调查 PPT 中的文字说明原文。

18

　　桑旦拉卓，她的田野调查选择的是她的家乡，藏北申扎县雄梅乡三村，位于色林措和林琼寺旁的索珠奶奶家。

　　索珠奶奶有 9 个孩子，都已是成年人，各自拥有着自己的生活，其长女普赤及女婿日囊经常陪伴在她身旁。47 岁的牧民普赤，照顾着母亲，放牧着 900 多只羊和 40 多头放生牦牛。普赤夫妻拥有 7 个孩子，其长女阿拉 23 岁，日常放牧，日复一日、年复一年与牦牛和羊群生活在一起，无论风吹、日晒、雨淋。对它们也有着

桑旦拉卓

很深的感情，像守护着自己的孩子一样守护着这些高原上不能缺少的动物种群。

　　他们一天的工作是，放牧女早晨 5 点半起床，挤完羊奶之后就去放羊，二女儿便会去放牦牛。在这之后，大概 11 点钟普赤便会去放牧地挤牦牛奶，将挤完的牛奶熬制在锅中，一部分用来饮用，一部用来制奶酪，剩余的则会制成酸奶或奶渣。

　　暮色降临的时候，牧人则会等待自己家牦牛的归来，令我惊奇的是，在漆黑的夜晚，牧人们居然能识别出哪个牦牛没回家。

　　牦牛毛的色系大体上分为两种，即纯色系和混色系，从这基础上开始详细地分别颜色，并且根据其毛色特征起名字。

　　在牧区，牦牛年龄是从牙齿和牛角生长状况来鉴别计算的，一、二、三岁的牦牛是不会换牙的，称为"乳齿"，从4岁开始换牙，至第七年满牙的时候就不会再长牙或换牙，计算年龄得从牦牛角算。

　　令我感动的事是，63岁的索珠奶奶原本可以在拉萨享受无忧无虑的生活，每天可以到八廓街转经拜佛的，但是奶奶总是不愿意离开草原，她说："没有了牦牛、羊群的生活，很凄凉、很孤单，无所事事，直到死的那一天，都要守护在它们身边。"这样的情感要经过多少岁月才能磨合出来？这就是牧人与牦牛之间最真实的情感，牦牛与藏人，更多的是牧人对牦牛的情感那是血脉相连的。

　　有幸获得这样的机会，回到自己的故乡做一次这样的田野调查，最大的收获是能够感觉到牦牛对藏族是多么的重要，更深刻地体会到"没有牦牛就没有藏族"的至理名言，并懂得了牧人、牧人的生活，体会到了人间彼此感恩、彼此尊重的真善美。

　　桑旦拉卓此次收集到的藏品，有牦牛头、驮牛鞍、牦牛皮针袋等，都是她的亲戚无偿捐赠的。

19

次仁罗布，此次调查去的是他的家乡班嘎县门当乡，他自己是在拉萨出生长大的。他去的是一个远房叔叔家。

次仁罗布

门当乡第五村（玛嘎）罗阳，海拔:5400米，气候:良。村里人口:500多人。环境特点：盆地，早晚温差大。特产：酸奶、酥油、毛织品等。信仰：藏传佛教格鲁派（整个村）。

牧场：桑曲牧场，30多头牦牛，200只羊，夏天公牦牛在牧场，母牦牛刚好在下奶期，留在村里，早上放，晚上归。

嘎达，年龄52岁。嘎达叔叔从小放牧为生，是一个传统的牧民，他听到要建立牦牛博物馆，心情很激动地告诉我很多关于牦牛和曾经他驮队的故事，还有他曾经给自己牦牛驮队用过的鞍子也无偿捐赠了。另外，嘎达叔叔还捐赠了打火镰、零钱包。打火镰有30年的历史，最为珍贵的是零钱包，有150年的历史。

平措旺堆，是我骑着摩托车路过的小商店的店主。我在他那里休息，我们聊起了牦牛，他刚开始以为我是古董商人，我给他送了一份《西藏日报》藏文版捐赠启事报纸，看完他就明白，知道我是牦牛博物馆的工作人员，他说这是一个非常让人感动的事情，夸我从事的工作很有意义。我跟他介绍，这个创意是一位曾经在那曲工作过16年的老人想到的！他赞不绝口。他捐赠了驮牛鞍子，已经使用了40多年，临走时他又把身上的针线包送给了我。

去了5个家庭，每个家里的长辈问我，做什么工作？我跟他们说牦牛博物馆他们很难理解，他们很少能来拉萨，我就说牦牛宫殿，就是房子里盖一座草原，保护和宣扬牦牛文化，通过牦牛讲述藏族，感恩牦牛。他们都是一样的答案，这个他们很感动，尤其作为牧民，他们来拉萨必须去牦牛博物馆参观！

　　作为一个牧人的后代，带着从没想过的问题、从没关注的话题，回了家乡一次，那片宁静的草原，让自己真心地有了一次回家的感觉，心里有一种激动与说不出来的自豪，有大雨迎接、野狗追逐都不算什么了，因为前方就是牦牛，前方就有我的光明，向前冲！

　　放了两天的牧，和牦牛接触虽然时间短暂可是学到了很多知识，比如计算牦牛年龄的技法，拴牛绳的应用，牦牛喜欢吃什么，等等。因为和牦牛生活在一起了，才知道它与我们的关系！

20

　　尼玛次仁，此次田野调查去的是藏北聂荣县。

　　以前下乡，都是通过组织安排，都有政府接待，提前联系，进行工作事宜的具体安排。这次是自己找联系方式，到基层，与牧民共同生活。牧人开始以为我是做生意的，通过讲解牦牛博物馆的性质和展示征集事项的报刊，让牧民了解到了牦牛博物馆对于自己民族的重要性，对于子孙后代传承的重大意义。

尼玛次仁

具体地址：那曲地区聂荣县，位于西藏北部、唐古拉山南麓。海拔：平均在4700米左右，可利用草场面积1800万亩。总人口：3万人。

聂荣县经济以畜牧业为主，牲畜有牦牛、藏系绵羊和山羊、马等。主要畜产品有羊毛、酥油、牛羊绒、皮张、牛羊肉等。传统的家庭手工业，产品主要有藏毯、糌粑口袋、腰带等。

所调查家庭基本情况：家庭人口数量5人。卓永，女，60岁，母亲，牧业；才崩，男，36岁，大儿子，牧业；东措，女，25岁，大女儿，牧业；巴桑，男，22岁，儿子，牧业；且增曲珍，女，17岁，小女儿，学生。

牧场基本情况：从一边到另一边步行需要一个小时。

四季变化及特色：分为夏季牧场和冬季牧场，一般10月—次年5月在冬季牧场，居住在房子里面（定居点）；6—9月在夏季草场，居住在帐篷里。

牦牛总数为53头，其中公牛23头，母牛30头。

牦牛一年中的生理变化（这里用藏历计算）：

交配：六月十一、十二日—八月三十日左右。

孕育：9个月。

产犊：三月—五月。

换牙：十月，冬天食干草。

（羊是八月份换牙，马是三月份换牙）

小牛犊一般2岁之后断奶，3岁左右长牙。正常宰杀年龄为9岁。产奶高峰期：夏季。

关于牧民与牦牛的关系，牧民说，牧人从早上太阳升起到落山都与牦牛生活在一起，牦牛的主人从很远的地方放声高喊，自己的牦牛就能识别出是主人的声音，并且明确主人的意思，而别人呼喊牦牛，牦牛是听不懂的。可见牦牛与主人之间朝夕相处的默契。每年牧人都要赶着牛、羊去转附近的神山，要转3～5圈，祈福人畜无灾、平安。

公牦牛是牧民的交通工具，过去驮盐巴，农牧盐粮交换，迁居牧场等都靠公牦牛来运输。驮盐巴途中牦牛和牧人的称谓都与家中的不同，如同过去土匪的代号与黑话。驮盐巴途中驮运人赶着驮队，历经千辛万苦，跋山涉水两三个月的时间，才把亮晶晶的盐巴运到家中。靠畜驮盐的历史20世纪80年代初已基本上结束。

一头最好的牦牛能驮上220斤，最次也要驮上60斤，一般都会驮上100斤。驮盐队每人一队赶30头牦牛。

最感动的人和事：在牧区人与骑牛的感情特别深，它是牧民的交通工具。人死后，骑牛驮着尸体送到天葬台或高山上喂给老鹰，完成人生最后的布施，尤其是在没有天葬台的险峻高山，骑牛尤为重要。骑牛是不能够宰杀的，一直养到死，老人们常告诫晚辈们骑牛是牧民家中的恩畜，切记要放生，因为是牦牛驮着老人走完最后一程道路，它是牧民人生最后的伴侣。

放生之后的牦牛也会受到人们的特殊照料，有的时候骑牛太老，失去了自卫能力，乌鸦就会来啄食其眼睛，这时候牧民一定要制止。

尼玛次仁此次收集的藏品为藏式火药枪、牦牛砂、打火镰等。

21

次旦卓嘎，此次田野调查的目的地是她的老家山南地区加查县。

次旦卓嘎

　　"加查"藏语意为"汉盐"，相传为当年文成公主来此施舍盐巴而得名。位于西藏自治区东南部，雅鲁藏布江中下游，东与林芝地区的朗县交界，南与隆孜县相连，西与曲松、桑日两县接壤，北与林芝地区工布江达县毗邻。属半湿润半干旱气候，全县辖5乡2镇，88个村委会。总人口18263人。全县土地面积4646平方公里，森林覆盖面积14万亩，草场面积81万亩，耕地面积2.4万亩。特产有核桃、花椒、苹果、虫草、贝母等。全县气候宜人，资源丰富，地肥水美，据说是山南地区开发前景最为广阔、发展潜力最大的县。

　　这天是藏历六月五日，昨天藏历六月四日卓巴次西（降神节）这一天也是牧民的节日，大多数牧民都已经赶往了牧区过节，我们在嘎玉村没能见到年长的牧民，听村民说"有个叫曲扎的牧民，一个很有爱心、视牦牛如子女的牧民，他应该就是你想找的那种人"，听到这番话，我也很激动，真想立刻见到这位牧民。村子到牧场有30多公里，我们在这个村里雇了辆摩托车，载着我们俩赶往了嘎玉村索纳牧区，大概行走了一个小时，我们到了索纳牧区，那边风景真是美，从山上飞驰下来的瀑布，从远处看就是一个从天上挂落到人间的哈达。

去了牧民曲扎所住的地方，他正在照料牦牛，我走过去说明了来意，他让我进屋细说，还给我们倒茶吃点心。我跟他说了牦牛博物馆的创意和理念，他很激动，说他守候了那么多年，终于找到了一个知音，感觉自己终于要完成了一件大事一样。他守这群牦牛的本意，就是现在越来越多的人不愿去养牦牛，所以他不想让这延续我们藏民族生命的物种越来越少，甚至灭绝，他说在这两天内尽量帮我们收集有关牦牛的物品，愿意为建造博物馆尽心尽力。

按照约定的时间，早上我去了安绕乡嘎玉村牧民曲扎的家，他从牧区回来特地给我送藏品来了，他家就在加查县有名的千年核桃树对面，到他家时展示了很多藏品，都是他这几天收集来的，这让我很感动。

在我小时候的印象里，奶奶有一件衣服，常年穿在身上，那衣服上面套着一个牛皮做的坎肩。奶奶去世多年了，不知道那衣服还在不在。于是，7月27日早晨我又去了帮达乡寻找记忆中奶奶的那件衣服。很幸运，居然找到了。

这次下乡我了解到了当地不少的有关牦牛的风俗。牦牛是生存在高原的一种独特的物种，牦牛的死因，是在春季和秋季放牧时不注意被狼侵袭或膘情下降。藏历十月份是宰杀牦牛的季节，宰杀牦牛时当地会在牦牛的下腭部位拔几根毛，然后宰杀时会往嘴里喂水来缓解疼痛，还会喂些佛丹以求下个轮回能投个好胎。牦牛的生理变化方面分冬春和夏秋，冬春膘情会下降，夏秋随着牧草的生长膘情会越来越好，还有在六七月份会褪毛，也就是采集绒毛的季节，根据它的产毛量决定产绒量的多少，体毛长又密的牛，绒也相应要多，反之则少。

次旦卓嘎此次收集到的藏品，是乡亲们捐赠的贝壳包、放牧包、盛酥油的竹皮筐等等。

次旦卓嘎此次结识的牧民曲扎，后来成为我的好朋友，他对牦牛博物馆有独到的见解，为牦牛博物馆的建设做出了重要的贡献。

22

筹建一座博物馆，真的不像是写一首诗那样简单。即使所有的想法都是好的、都是对的（何况根本不可能是那样），把个人的想法变成大家的想法，以大家的想

展陈大纲专家论证会

法来丰富创意，证明正确的想法是正确的，把一个正确的想法变成具体的做法，都需要做大量的工作。

　　2012 年的春节，我来到北京奔波。

　　一方面是寻找资金支持。除了工程建设的款项是由北京市政府的援藏专项资金解决，我们筹备办的费用、征集藏品的费用，全部要靠自己想办法解决。我熟悉的一些区、县、部门的领导，从支持西藏工作的角度，给了我们筹备办一些资金支持，使得我们能够正常地开展工作。北京现代汽车公司总裁徐和谊先生捐助给我们牦牛博物馆筹备办两辆汽车，解决了我们的交通困难。

另一方面，按照规定的程序，牦牛博物馆的展陈大纲，要经过专家论证会论证。这样的工作，已经不是我一个人或者我们那个筹备办能够承担得起来的。经过指挥部的同意，我们聘请了北京博华天工展览公司作为我们的咨询服务方，帮助我们落实这些具体工作。

2012年2月15日，牦牛博物馆展陈大纲专家论证会在北京举行。

以下是此次会议的纪要：

此次会议由拉萨市人民政府、北京援藏拉萨指挥部牦牛博物馆筹备办公室、北京市文物局共同举办。国家文物局、拉萨市政府、北京市文物局、北京援藏拉萨指挥部及拉萨市文物局有关负责同志参加了会议。北京援藏拉萨指挥部副指挥吴雨初同志介绍了牦牛博物馆筹建情况并主持会议，来自藏学、考古学、牦牛学、美学、博物馆学的专家出席会议，并对展览大纲的框架体例及内容进行了论证。

北京市文物局局长孔繁峙、拉萨市人民政府副市长计明南加、国家文物局博物馆司副司长张建新同志分别就牦牛博物馆的筹备工作发表了重要意见：

（1）牦牛博物馆是北京市政府的援藏项目，北京市文物局将全力支持牦牛博物馆的筹建工作，在牦牛博物馆的业务指导、人员培训、藏品征集、展览陈列等相关工作中予以支持，并将相关费用列入北京市文物局援藏专项经费中调剂解决。

（2）牦牛博物馆是一项重要的文化工程，对于完善拉萨市的城市功能，提升拉萨市的影响力，促进拉萨市文化建设有着重要作用。拉萨市人民政府对北京市的援助表示感谢，并予以积极配合。

（3）牦牛博物馆的建设具有重大意义，在建成之后对整个西藏地区的博物馆事业是很大的提升，国家文物局将在专业范围内协调解决牦牛博物馆筹备过程中的有关事宜。

与会专家就牦牛博物馆展陈大纲进行了讨论并形成如下意见：

牦牛博物馆项目的提出和建设是博物馆领域的创举，填补了我国专题博物馆的空白；牦牛博物馆的建设对丰富中华民族特色文化——藏文化的内涵，认识、研究、展示、传播西藏文化有着重要意义，是西藏地区精神文明建设的一项非常重要的举措；牦牛博物馆的创意符合中央关于西藏工作的方针和文化建设的要求，展陈大纲的编制基本反映了牦牛及其相关学科的特点，内容基本完整。同意牦牛博物馆筹备办公室按照本次会议专家意见将此大纲修改后形成正式大纲，作为今后牦牛博物馆展陈工作的指导性文件。

专家还就下一步筹备工作和大纲修改中抓紧藏品征集、关注最新考古成果、加强协调等问题提出了重要意见。

附：与会专家和领导名单及专家论证意见

专家名单

洛桑·灵智多杰　全国人大民委委员，中国藏学研究中心副总干事，甘肃省人大常委会原副主任、党组副书记

闫　萍　中国农业科学院兰州畜牧与兽药研究所畜牧研究室主任研究员、博士生导师，全国牦牛协作组秘书长

叶星生　中国藏学研究中心研究员，中国美术家协会会员，国家一级美术师，国务院特殊津贴专家

王仁湘　中国社会科学院考古研究所研究员，边疆民族与宗教考古研究室主任

韩　永　北京市人大代表，中华世纪坛艺术总监，首都博物馆原馆长

与会领导名单

北京市文物局局长　孔繁峙

北京市文物局副局长　刘超英

国家文物局博物馆司副司长　张建新

拉萨市人民政府副市长　计明南加

拉萨市文物局副局长　李粮企

北京援藏拉萨指挥部副指挥　吴雨初

专家论证意见

应北京市文物局、拉萨市人民政府、北京援藏拉萨指挥部牦牛博物馆筹备办公室邀请，我们听取了牦牛博物馆筹备办公室及北京博华天工展览有限公司的汇报，对牦牛博物馆的创意过程及大纲编写情况进行了论证并提出了补充、完善和修改意见，经专家组讨论，我们一致认为：

1. 牦牛博物馆项目的提出和建设是博物馆领域的创举，填补了我国专题博物馆的空白。

2. 牦牛博物馆的建设对于丰富中华民族特色文化——藏文化的内涵，认识、研究、展示、传播西藏文化有着重要意义，是西藏地区精神文明建设的一项非常重要的举措。

3. 牦牛博物馆的创意符合中央关于西藏工作的方针和文化建设的要求，展陈大纲的编制基本反映了牦牛及其相关学科的特点，内容基本完整。

同意牦牛博物馆筹备办公室按照本次会议专家意见将此大纲修改后形成正式大纲，作为今后牦牛博物馆展陈工作的指导性文件。

建议在下一步筹备工作过程中注意以下问题：

1. 牦牛博物馆馆藏文物较少，任务紧迫，在筹备工作中应抓紧进行藏品征集工作。

2.建议关注藏学及牦牛学科相关前沿研究成果和最新考古发现，根据藏品征集情况及需求，对展陈大纲进行修改、充实和完善。

3.建设过程中应注意听取各方面意见，科学组织，合理调配资源，进行科学管理，以保证筹备工作的顺利进行。

4.对序厅的创意，还需要进一步探讨，避免视觉上的强烈冲突，强调艺术感染力，以自然之美给人以赏心悦目的感觉。

5.感恩养育了藏民族和牦牛的青藏高原这片高天厚土，展陈要以文化人类学的角度和生态环境学的角度来进行。

此后，2012年9月，对于由清华大学清尚设计院根据展陈大纲形成的牦牛博物馆展陈方案，再次在北京举行专家论证会。

牦牛博物馆的行业审批，一开始就遇到一些奇怪的障碍。

根据文化部颁发的《博物馆管理暂行条例》，需要当地文物部门审批。可是，文物部门又要属地政府的申报件，而申报件的签发又说要征求文物部门的意见。

另一个问题是，按当时国家文物局局长单霁翔的意见，这个牦牛博物馆应当叫中国牦牛博物馆，但按照规定，冠以中国字样，需要自治区人民政府向国务院报告，由国家文物局和中央编制办审批。我们实在没有精力去跑这么烦琐的程序，就先叫作西藏牦牛博物馆吧。可是，拉萨市有关部门提出，既然是拉萨市属单位，就只能叫拉萨市牦牛博物馆，怎么能叫西藏牦牛博物馆呢？这超出了我们的权限范围。

这我们可就不能同意迁就了，因为拉萨市总共才有几头牦牛啊。于是，我们就说，你就先报西藏牦牛博物馆吧，能不能批下来，我们去争取。

拿着申报件，找到西藏自治区文物局桑布局长。我对他说，申报文件已经跑了多少次了，有关部门还把我们的申报材料弄丢了。所以，今天拿不到批复件，我是不走了。桑布局长非常理解，也非常支持，说，那好，你就在这里等吧，其实牦牛博物馆的事，我们早就了解了，早就研究了。不到半小时，批复件打印好了，盖下的公章印油还没有干呢。我拿着批复件，向桑布局长鞠躬致谢。

第二天，就有媒体发表消息：《牦牛博物馆拿到"准生证"》。

此后，桑布局长还带着自治区文物局副局长兼西藏博物馆馆长曲珍、布达拉宫管理处处长尼玛旦增、罗布林卡管理处处长拉巴次仁、书记喻春杏到牦牛博物馆现场，协调各方支持牦牛博物馆筹备工作。

23

先有藏品，再有博物馆，这是全世界博物馆的铁律。可是，我们牦牛博物馆却是从一个理念开始的，一件藏品也没有。

我们不再只是从图纸上看着牦牛博物馆了，建筑框架日渐显露。我戴着安全帽，和筹备办的工作人员一起，走进那框架当中，既兴奋，又焦虑，8000多平方米的建筑面积，加上庭院，总共上万平方米，这么巨大的空间，我拿什么藏品来填充啊？

不少人问我，你做牦牛博物馆，你的镇馆之宝是什么？我会用从韩永馆长那里学来的观念回答：我们不是开古董店的，不存在镇馆之宝的概念。所有馆藏，在反映牦牛与藏人关系的意义上，都具有同样的价值，所不同的只是其稀缺性，只是其历史价值和艺术价值。

话虽然这么说，我可以没有镇馆之宝，但不能没有藏品啊。

我与博华天工及其派驻拉萨的工作人员刘杰反反复复讨论修改的展陈大纲，永远在先有鸡还是先有蛋的问题上折腾过来折腾过去。因为我们把展陈的框架具体到每个展厅、每个单元、每个局部，大纲上标出，需要什么藏品，但这些藏品并不存在，还不知道去哪儿征集；而实际征集到的藏品，又可能是展陈大纲上没有的，这就又要对大纲进行修改。如此反复，如此循环。

在拉萨的每一天，我戴着一顶藏式礼帽，穿着一件藏装，背着一个双肩背包，穿行在八廓古城，钻进认识和不认识的藏族古董商家中。起初，西藏收藏家协会秘书长王宜文带着我，到了很多收藏家协会会员家里，王宜文本人给我多次捐赠相关藏品。拉萨古修哪书店的东智也带我见了许多古董藏家。后来，我就自己到处转、到处钻。因为我的汉族名字用藏语发音比较别扭，也不容易记，干脆就用我的藏族名字"亚格博",意即"老牦牛",这样叫着顺口又好记。

八廓古城很多商家都知道有一个"亚格博",这个亚格博不买铜佛,不买唐卡,不买蜜蜡,不买珊瑚,专门买那些"破烂儿",但是必须是跟牦牛有关的"破烂儿"。起初,我捡了不少便宜货。但后来,亚格博的名声传开了,亚格博是从北京来的,是做牦牛博物馆的,而博物馆是国家的,国家是大大有钱的。于是,一段时间后,这些"破烂儿"的价格就涨起来了。索南航旦老师说,吴老师太厉害了,你把八廓街的价格都撬动了。但这让我苦不堪言。我们哪有钱啊?筹备办那点儿钱,都是到处磕头作揖化缘来的,每一分钱的花销都要掂量啊。

通过东智,我认识了象雄古玩店的老板则介。则介是四川松潘人,早年来到拉萨,摆着地摊做点小生意。他发现,那些来西藏旅游的外国人,对新商品看都不看,反而对西藏的老物件感兴趣。于是,则介就开始学英语,做起了古玩生意,在八廓街买了房子,开起了店铺。做生意赚了钱,他还做一些公益事业,还在自己的小店里开设了免费的英语培训班,每到周末,都会有一大堆孩子来这里学英语。

我后来与则介成了好朋友。因为则介在古城开商店,有很多便利条件,结识社会三教九流,国内国外的游客。则介理解了牦牛博物馆的创意,理解了这个博物馆对于保护和传承西藏文化的意义,他成了我们在八廓古城的义务宣传员。我对他说,亚格博不是商人,也不是收藏家,是真为西藏做事的。有什么跟牦牛有关的东西,捐赠给我,或者卖给我,可以放心,那东西一件也不会流出西藏,都会在未来的牦牛博物馆看到的。我虽然是给国家办博物馆的,但我真的没有多少钱。东西放在我那里，以后你随时都可以来看，就算我为你们保管吧。

有一天，在象雄古玩店，则介拿出一件东西给我看，是一枚牦牛皮质的天珠。天珠，是当今市场上的贵重饰品，明星大款们都以佩戴天珠为时尚。但牦牛皮质天珠，还闻所未闻。它应当不是贵重之物，却是稀罕之物。则介给我讲了牦牛天珠的来历——

近20年前，一位神秘的老人拿着两枚稀物，出现在则介店里，让则介看这是何物，则介看不懂，请老人赐教。老人告诉他，这是用牦牛皮做成的天珠，上面有天圆地方图案。这是一种古老的工艺，早已失传了。老人说，这两枚牦牛天珠给你吧，你留着以后会有用的。说完老人就走了，此后再也没有见过这位老人。这两枚牦牛皮质天珠，一直保存着。前两年，青海省藏文化博物馆筹建，则介将其中一枚捐出，另一枚一直由则介本人保存。现在，亚格博，你办牦牛博物馆，算是我们有缘分，我把这一枚捐赠给你啊！

既是天珠，又与牦牛有关，这十分难得。我对则介说，你放心吧，我们一定会珍藏好，让更多的人看到它！

我就是带着这样的真诚和实在，跟古城的人交流，让他们理解我，支持我。虽然也遭遇过怀疑，遭遇过算计，遭遇过嘲讽，但更多的是热情。

八廓街是一条环形街道，转一圈下来，大约是800米，两侧有数百家商户，其中有不少人认识我，一见到我就打招呼："亚格博，你来啦！"

有几次，我跟着东智、跟着嘉措，到一些商家，因为我穿得很像是康巴人，结

象雄古玩店老板则介

果被拦在了门外，指着我说："这个康巴人不能进！"因为有极个别的康巴人在拉萨名声不太好，有偷抢行为，他们把我当成康巴人了，闹得大家瞎乐一场。

　　东街的强巴伦珠就是一个康巴商人，但人很实在。交往多了，知道他也不容易，操持老少一大家人，就靠他做点儿小生意。他很聪明，知道我需要什么，便四下张罗。找到货之后，就让我上他家看货。他找的东西比较符合牦牛博物馆的要求，能上展，而他出的价格通常不会太离谱。因为如果价格高了，我就不要，或者我会找专家来帮我鉴定。当然，我也会给他留下利润空间的。按照展陈大纲，断断续续地，从强巴那里收集了不少藏品，强巴也给我们捐赠一部分藏品。久而久之，我与强巴也成为了好朋友，连他家孩子读书的事、工作的事，也都找我商量。

南街的八廓古玩店老板阿塔，是个精明的生意人，他一人开着两家店，你想从他那里占到什么便宜，那是太难了。几次想在他那里买东西，都因为价格没能成交。后来知道我是牦牛博物馆的亚格博，我看上的东西就算是半卖半送了。

琅赛古玩城的商人且增，当过兵，有见识，人很开朗。有一次，桑旦拉卓和次旦卓嘎到他的店里，看上两件老东西，要6000元。

两个孩子就跟他讨价还价，说："这么贵啊，我们没有那么多钱啊。"

且增说："你们不要就算了，这两件东西，我是打算捐给牦牛博物馆的。"

两个孩子一听就乐了："我们就是牦牛博物馆的啊！"

且增说："你们真是牦牛博物馆的？你们认识亚格博吗？"

"当然认识！我们这就给亚格博打电话！"

且增说："好了，好了，你们不用买了，等几天我给你们送过去！"

阿佳扎西是一位康巴女商人，在琅赛古玩城经营着两个摊位，主要经营蜜蜡、珊瑚、佛珠之类的饰物，是比较大的老板。她看着我每天奔波，很心痛地说，亚格博，你太辛苦了！我也帮不上什么忙，我要是回四川老家，一定要帮你找一些跟牦牛相关的老东西捐给你们牦牛博物馆！

尼桑古玩城的平措，平时话语不多。可我们特别有缘分，很多个早晨，我们都在帕廓、则廓或林廓的转经道上相遇，打个招呼，但我们几乎从未做成过一笔交易。没想到，他总是在琢磨，要给亚格博帮忙。后来，他也成了我的捐赠人。

冲赛康的平朗，曾经是藏北草原的一个牧人，来到拉萨讨生计。就靠着各种饰物，买进卖出，赚点差价，十几年下来，在拉萨置了房，买了车。他很热情地邀请我到他家去看看。房子有80多平方米，里面布置得很温暖。我到他家，他已经准备好了，送给我牦牛毛编织的"柳"，就是做帐篷和藏毯的条幅。平朗说，你是我最好的朋友，我要给最好的朋友送他最喜欢的东西。

当时的牦牛博物馆，连毛都没有，整个儿就是一个传说而已，那些人就能把自己的珍藏无偿地捐赠出来，换位想象一下，如果是我自己，我能做到吗？

因为在拉萨有一些老熟人，少不了帮人办一些类似上学啊就业啊调动之类的事情。事成后，也有人拿着装在信封里的厚厚一沓现金来感谢，当然都被谢绝了。他们很奇怪，亚格博怎么连钱都不要啊？则介就对他们说，亚格博是不会要别人钱的，他要是想赚钱就不会跑到西藏来做牦牛博物馆了。你们要是给他送些与牦牛相关的老东西，他会要的。后来博物馆的一些藏品就是这样来的。

24

我在仙足岛的住所兼办公地，每一天都要接待各方人士，其中有不少是前来捐

昂桑将画作捐献给牦牛博物馆

赠藏品的人。

有一天，我从网上看到一幅画，一幅抽象作品，画面上一半是牦牛头，一半是藏人脸，题目叫《藏人》。我立刻被这幅画吸引了。这不就是我们牦牛博物馆的主题写照吗？这不就是说藏人的一半是牦牛吗？这不就是班禅大师所说的"没有牦牛就没有藏族"吗？

于是，我在网上留言："这是谁画的啊？"

大约 15 分钟后，远在大洋彼岸的老朋友，曾经在西藏工作过的著名画家裴庄欣在网上告诉我，作者叫昂桑，是西藏歌舞团的。

我通过画家蒋勇打听到昂桑的电话号码。当天下午，蒋勇就把昂桑带到了我家。这是我与昂桑的第一次见面。

我向昂桑介绍牦牛博物馆的创意，说他的这幅画与牦牛博物馆的主题是如此的贴近。昂桑很干脆地说："既然老师这么喜欢这幅画，我就送给您了！"

这幅作品后来成了我们牦牛博物馆的主题画。昂桑与我签署了协定，将此画及其版权捐赠给西藏牦牛博物馆。

我问昂桑住在哪里，昂桑说，就住在我前面一排房子，与我家的直线距离不到 30 米。真是有缘啊！

我与昂桑经常到门前的拉萨河散步。有一天傍晚，我们俩散步，忽然一辆车停在我们跟前，下来两位便衣警察，指着我："你，把证件拿出来看看！"我说，我就住在这里啊。便衣警察说："不要解释了，把证件拿出来！"于是，我掏出身份证给他看。看完后，可能知道我的名字，知道我是谁，便敬了礼，说："对不起，领导，我们是在执行公务。"然后开车走了。我也不明白，为什么要查我的证件，为什么不查昂桑的证件。昂桑笑笑说：."可能是你穿着这身康巴人的衣服吧。"

在网上，我还发现另一位藏族画家的牦牛画作品。作者叫"亚次旦"，意为长寿牦牛。他和昂桑都参加过由栗宪庭先生策划的在北京的"烈日西藏"展。我找到亚次旦的电话，问他住在哪儿。他说住在仙足岛生态小区，我说我也是住仙足岛生态小区啊；他说他住二区，我说我也住二区啊。结果，我们拿着手机晃晃，我们之间就隔一排房子。亚次旦原名维冬，因为专门画牦牛，因此得名"亚次旦"。他的牦牛画很特别，是在一种比较厚的藏纸上，用一种特殊的颜料画的，很有特色。亚次旦也将他的一幅牦牛画作捐赠给我。

　　到我家来得最勤的要数嘉措了。我们30多年前就在藏北共事。用他的话说，一起喝了30多年的酒，有的人已经死了，可我们依然在喝。嘉措现在是《西藏人文地理》杂志的主编，用我的话说，他算是Tibet Google了。无论何方人士，尤其是文艺影视界的人，来到西藏，都会找他的。因此，牦牛博物馆也因为他，传播得更为广泛。嘉措不必刻意就成了我的捐赠人。因为，他的家堆放得十分繁杂，他永远都在找东西。不经意间，没准就会找到什么。有一天，他找到一个皮包，从风格上看，是蒙古式的。清代有蒙古军队进驻西藏，一部分人留在了藏北草原，他们已经被藏族同化了，但某些风格还保存下来。这种蒙式包就是见证。这个捐给你吧，嘉措说。后来，我们将这个包复制了，很漂亮。又有一次，嘉措可能又是在找东西，发现一个铜铸牦牛，是20世纪80年代《西藏文学》的美术编辑罗伦张先生的作品，罗伦张先生当年可是大名鼎鼎，也是我们共同的熟人，他的作品已经不多见了。嘉措对朋友们说，这些东西放在自己家没什么用，也许忘了，也许丢了，永远也不会有什么作用，可放到亚格博那里去。德珍也将西藏话剧团团庆时一位著名艺人的木雕牦牛作品捐给了我。那段时间，嘉措和"最英俊的藏族人"、中央电视台编导多吉正在拍摄拉萨旅游宣传片《幸福拉萨》，但凡涉及牦牛内容的拍摄，他们都会通知我们筹备办，一起去到现场，拍摄相关资料。后来，多吉还将《幸福拉萨》拍摄中所有涉及牦牛的影像数据，全部拷贝给我，成为我们馆藏的影像数据。

嘉措还为我们联系了贡嘎县吉那乡春季开耕节的拍摄。那个乡村听说我们要去拍摄，各家各户都很兴奋，把自己家的耕牛打扮得特别漂亮，所有仪式全部按照传统来进行，牦牛似乎也很兴奋，在镜头前表现得很活跃。我们拍摄的那一天，看到西藏媒体上的新闻，一条重要报道是：拉萨告别二牛抬杠，农村全面实现机械化，这是指拉萨市行政范围，以后全西藏也会如此，将来很难再看到"二牛抬杠"的情景了。我心里想，牦牛博物馆是如此及时，不然再过些年，这些情景看不到了，这些物件也找不到了。事实上，我们到藏北牧区也是如此，牧民住上了新房，已经很少有人再住牦牛毛帐篷了。我们内心希望高原人民过上现代化生活，但我们同样希望能够把以往的生活和文化以另一种形式保存下来。

东智住在我们同一小区，也是我家的常客。他给我介绍了许多藏族文化人。他自己多次给我捐赠，还让朋友捐赠。其中，中国西藏音乐网的 CEO 白玛多吉，是我最喜欢的年轻人，他默默地做事，也默默地帮助别人。白玛多吉走到哪里都没忘了给牦牛博物馆找东西，经常从西藏各地发来短信或微信，问这样的藏品老师您要不要。

有一次，从藏北来了几个牧民，带着他们自制的牦牛毛编织品捐赠给我。我请他们在我家喝酒，请东智作陪，那个晚上喝了 5 瓶茅台酒。此后，东智就到处指责我："亚格博真是个老牧民，我们上他家喝酒，他就用二锅头打发我们，老牧民来了，他却拿出茅台酒来让他们喝！"

刚回西藏那年，我因为受伤住在西藏军区总医院，结识了隔壁病房的一位病友——拉萨近郊著名的卓玛拉康的堪布、80多岁的益西老先生及其侍从泽培。出院之后，我们就一直没断了往来。逢到一些重要时节，我都会带上一些乳制品，到卓玛拉康去看望老堪布和小泽培。一天，泽培跟我说，老堪布问，你做牦牛博物馆，有什么困难，我们能帮上忙的，你就尽管说。

我还正有一件事跟他打听，我说，你们寺庙正在搞维修，这里有很多石刻，你帮我问一下那些石刻艺人，除了刻佛像和经文，会不会刻牦牛啊？

过了一段时间，泽培喇嘛给我打电话，让我去卓玛拉康一趟。他指使着两位小喇嘛搬着一块石刻抬上我的车，你看看是不是这样的？我一看，还真有创意。石刻上，刻着两头牦牛，背景自东向西是3座著名的山峰，分别是卡瓦博格、珠穆朗玛、岗仁波钦。我对这石刻非常满意，向他打听到这位石刻艺人的联系方式，后来，我们找到石刻艺人，提供了一些牦牛图案、数据，希望他按自己的想象，刻成什么样就什么样。他的石刻作品，后来成为我们牦牛博物馆的一道风景。

在仙足岛小区二区一排附16号的这个小院，接待了多少人，是数不清的；喝了多少酒，是数不清的；接受了多少件藏品，如果不看博物馆的档案，也是数不清的。有几位自治区的领导也来到这里，要求匿名捐赠藏品。他们不想张扬，我也就尊重他们的意愿。现在博物馆展出的一些未署名的藏品中，有一些就是他们的捐赠。

不单是拉萨市民，内地来的朋友，也来到我这个小院。西藏军区原司令员姜洪

卓玛拉康僧人泽培捐赠民间石刻

泉的女儿姜华，看到我在这里筹办牦牛博物馆如此艰难，对我说，大哥，你太不容易了，你给我个卡号吧，我给你个人捐两万元，你帮我买件藏品给博物馆吧。她的部下方杨也随之捐了一万元。我用这个钱，征集了两件藏品。后来，中粮集团的副总，也是我的老朋友王之盈给我捐了两万元，我用这笔钱，征集了一件美术作品。

　　成都的几位素昧平生的艺术家，司徒华、朱心明、阮延安、张建平、黄永成，都是在既没见过我本人，也没见过牦牛博物馆的情况下，向我们捐赠了自己的作品。

　　我们的捐赠证书，也是煞费苦心。现在流行的那种塑料质地、语录版式的证书，没有一点创意，实在不敢恭维。我从西藏寺庙里的经书得到启发，设计成经书式，

ཁྱེད་ཀྱིས་བོད་ལྗོངས་གཡག་གི་རྟེན་མཛོད་ཁང་ལ་མཛེས་རྫས་དངོས་གནང་བར་ཐུགས་རྗེ་ཆེ།

བོད་ལྗོངས་གཡག་གི་མཛོད་ཁང་།
ལོ། ཟླ། ཚེས།

感谢您为西藏牦牛博物馆捐赠藏品

藏品号：

西藏牦牛博物馆

年 月 日

牦牛博物馆的捐赠证书

封面用纯正的牦牛皮,内页采用藏纸,外面加一个喇嘛黄色的布套,古典、朴素、庄重,显得极有民族风格。很多人看到这个证书,认为这个证书本身就有收藏价值。有的人就是为了得到这个证书,到八廓街上去寻找藏品捐给我。参加牦牛博物馆工程建设的工人们看到这个证书,找到我说:"吴老,我们为牦牛博物馆辛苦了这么长时间,也给我们留个纪念吧。"我问他们要什么纪念,他们就要这个证书。于是,我们又按照这个版本,专门制作了参建证书。工人们说,将来我的家人来西藏,就让他们带着这个证书来。

25

2013年5月18日,世界博物馆日。我们在半个多月前就开始筹划,要在这一天,举办一次世界博物馆历史上未曾有过的捐赠仪式。说是史无前例,是因为这座博物馆并不存在,当时只是一个建了半截的工地。我在自己的个人微博上发布了"5·18"活动的消息,阅读量居然达到30多万次!

我们在工地上搭起一个主席台,做了一幅10米长的背景板,上面喷绘着牦牛博物馆的 Logo 和主题画,根据当年世界博物馆日的主题,拟就了我们这次活动的题目：

感恩牦牛　记忆创造

对于我们这个只有几个人的筹备办来说，举办这样一次活动，是非常紧张的。我们担心天气，果然那天早晨下了一场大雨，但到上午 10 点，雨后初晴，阳光灿烂。我们担心工地的临时电源，果然早晨断了电，但 9 点半又恢复了供电。所有担心的事都出现了，又都解决了。

其实拉萨并没有几个人知道，这一天，是世界博物馆日。我们说，今后，要把"5·18"变成老百姓的节日。

2013 年 5 月 18 日的捐赠活动现场

　　我们不知道有多少人真的会到这个偏僻的工地来参加我们的活动。但我们活动的消息口口相传，居然来了几百人，很多人还穿上节日的民族盛装。那曲地区班戈县的牧民朋友阿旺达开着一辆卡车，拉着为我们征集的藏品，他自己带来特意为我们这次捐赠仪式制作的一条牦牛毛编织的门帘，上面还编出一个牦牛头的抽象图案。

　　仪式上，我用藏汉两种语言致辞。当我用藏语说了第一句"今天是一个吉祥的日子"，就有人鼓起掌来。

　　当天的现场，有50多个人前来捐赠，共收到藏品200多件。

　　我无法一一讲述这些捐赠人了，只想讲其中的两三则小故事。

　　还记得我们在万里牦牛之旅走到甘肃省玛曲县时，我垂涎欲滴的那两具野牦牛头吗？作为甘肃牦牛第一大县，为了表示对牦牛博物馆的支持，组成了由县委、县政府领导及捐赠人参加的代表团，带着这两具野牦牛头来到拉萨。据说路上还有一番周折呢——机场问，你这带的是不是文物啊，这要开证明才能上飞机的。于是他们就去找文物部门，问这多少年了。也就二三百年吧。那好，开了证明。再到机场，又说，你这东西又不能托运，一个牦牛头买一张飞机票吧，于是又买了两张飞机票。这两具野牦牛头才得以到达拉萨。

　　这两具野牦牛头是从黄河的古河床里挖出来的，主人是才干先生。捐赠之后，才干先生不无顾虑地找到我，说，我这两件东西，是看在亚格博的面子上捐出来的。亚格博当馆长，我是放心的，但如果你不当馆长，别的什么人，要是把它转了卖了，那我可不干了。我说，不会的。才干还是不放心，能不能签一个协议啊？我说，不是协议，是我们要给你签一个正式的承诺书。拿到这份盖着红印的承诺书，才干心里才踏实了。

后来，我们将这具野牦牛头的残片，通过北京大学常务副校长吴志攀教授，送到他们的实验室进行碳 −14 鉴定，结果是大于 45000 年！这是我们牦牛博物馆所拥有的年代最为久远的藏品了。

甘南州玛曲县捐赠人才干

　　素不相识，仅仅是通过微博相互关注的台湾收藏家陈百忠先生，是藏传佛教的研究专家。得知我们要在"5·18"举行捐赠仪式时，通过网络表示，他愿意向牦牛博物馆捐赠一件15世纪的牦牛皮法鼓。由于进藏手续十分烦琐，为了陈先生能如期到来，我们不得不直接找到自治区主管领导，特事特办，顺利地拿到进藏函件，陈先生高兴之余，当即表示，加捐一件大威德金刚的唐卡。

　　陈先生是收藏家、学者，也是博物馆专家，人品、学识都堪为人师。参加完捐赠仪式后，对博物馆的建设和运营，给了我们很多教益。

　　我在嘉黎县工作时，因为个人经历而结拜的藏族老阿妈格桑，如今她已经85岁了，多少年来都以"大儿子"称呼我。她对儿孙喃喃说："我的大儿子要办牦牛博物馆，我能给他捐什么啊？"为此，她说，她好几个晚上都睡不好觉啊。

　　"5·18"这天，老阿妈格桑由女儿和孙儿搀扶着，向我捐赠了她年轻时代穿过的一件牦牛皮披风和一条她年轻时用牦牛毛绒编织的藏毯。

　　活动结束后，自治区领导金书波和拉萨市委齐扎拉交流说，有几个没想到：

　　一是没想到馆长用藏汉两种语言致辞；

　　二是没想到来那么多人；

　　三是没想到有那么多群众自发来捐赠。

26

从 2012 年起，筹备办的临时工作人员开始增加了。广州的卓玛关闭了她在那里的广告公司，前来筹备办当志愿者。广西的小伙子戴飞大学毕业后，来到西藏给我们当志愿者。从那曲过来的米玛，到筹备办来当驾驶员。我的住处兼办公地办起了小食堂，益西卓嘎成了我们的炊事员兼后勤。稍后，又从布达拉宫广场管理处调入了拉姆，作为办公室行政人员。

通过拉萨市政府的协调，工地所在的柳梧新区管委会石文江书记，在柳梧大厦为我们无偿提供了 4 间办公用房。我的办公室在 11 层，可以从向南的窗户，直接看到牦牛博物馆的工地，这座牦牛宫殿正在一点一点地建设起来。

有一天，我的办公室来了一位老人，面目和善、语气谦卑，只是说想来认识一下亚格博。此前就有人告诉我，说是有一位老人，向很多朋友打听亚格博的情况，还请人带他到牦牛博物馆的工地现场。

老人叫次仁扎西，是尼泊尔籍的藏族商人。他听说有一个汉族人，从北京到西藏来，要做一个牦牛博物馆，很是好奇，就向各方朋友打听，直到现在见面。

次仁扎西在江苏路上有一家叫"嗒赤"的地毯店。那天，我和龙冬到他的店里去。

次仁扎西拿出几件东西，都是与牦牛相关的。一件是骑座上的装饰，牦牛皮上用金粉勾画的图案，相当精美，至少是 100 年前的老物件。另一件是牦牛皮制的箭囊，古代军事战争骑兵用的装箭的袋子。我们看后，就问，这些物件什么价啊？次仁扎西没有正面回答，只是笑了笑。

关于次仁扎西，拉萨商界有不少传说，说他是加德满都的首富，说他是古玩界的大拿，甚至说，他有一回到香港去，一颗天珠开价 7000 万元，当港商问价格能否商量，他回答说，这是今晚的价格，明天就不是这个价了，等等。

几天后，接到索南航旦老师的电话，说次仁扎西要请亚格博到家里吃饭，索南航旦作陪。

我与龙冬一起前往次仁扎西在太阳岛的寓所。龙冬在路上说，这次老人请咱吃饭，没准儿要捐一两件东西吧。

席间，喝着茅台酒，聊些往事。次仁扎西说，亚格博办牦牛博物馆，真是太好了。我过去不太相信，一个汉族人，放着北京的官不当，跑到西藏来建牦牛博物馆，像是传说故事，见到亚格博，我才相信。

次仁扎西说，我小时候，在聂拉木老家，从 7 岁到 15 岁，就是每天放牦牛。那牦牛特别懂事啊。那时候，我很贪玩，在野外玩到天黑也不回家。从牧场回家，要过一条河，那牦牛就在河边等我，等到我玩完了，爬上牛背，它们就带我蹚过河回家。后来，1965 年我 15 岁时，家里迁到尼泊尔去了。几十年过去，我做梦都会梦到它们。想着它们，我都会流泪啊。

我们且喝且聊，龙冬对我使使眼色，那意思是，怎么还不说到捐赠的事啊？

撤下酒菜，换上茶水，还没说捐赠的事。次仁扎西从内屋笑眯眯地走出来，手上拿着一卷哈达，打开是两个骨片："这是我送给亚格博个人的小礼物。"坐在一旁的索南航旦老师一看，眼睛就放着异光，恢复了他作为文物专家的本能，他拿着骨片仔细观看，连连说："这可是好东西啊，至少有 1000 年，甚至 1500 年，这是苯教里用来占卜的骨片啊。"

这礼物是珍贵，可我既不是收藏家，也不是生意人，也就留着做个纪念。我要接受这个礼物，那些牦牛藏品，不知道跟我要什么天价呢。我这是真正的"以小人之心度君子之腹"。

过了一会儿，次仁扎西一件一件地把牦牛藏品往外拿，一共拿了 8 件，每一件都请索南航旦老师鉴赏过目，索南航旦老师认为，这些都是牦牛博物馆将来可以收藏和展览的老物件。

我惴惴不安地说："这些要多少钱啊？"

次仁扎西不回答我，招呼家人拿来一个大编织袋，让人往里装，东西全都装好了，笑笑对我们说："这些全捐你！"

我们惊讶得说不出话来，简直难以置信。

第二天，次仁扎西派他的儿子旺清来到我家。旺清带着一台笔记本电脑，说，我阿爸让我过来，给你们看看，这里还有 70 多件与牦牛相关的藏品。他打开计算机，一件一件给我看，都是牦牛的毛、皮、骨、角的制品，有军事用品、宗教用品，还

尼籍藏族企业家捐赠人次仁扎西

有一些文化用品。几乎每一件都能列入我们的展陈当中。

　　我再次"以小人之心度君子之腹"：昨天，他给我捐了8件藏品，今天这70多件得要我多少钱啊！

　　旺清合上笔记本电脑，说："阿爸说了，这些全捐给你！"

　　天哪！我们真的遇上大施主啦！这些物件，如果放到八廓街按市场价出售，要几百万哪！

　　次仁扎西绝对是一个传奇。他15岁随家人迁居尼泊尔，当时这个放牛娃举目无亲、语言不通、一文不名，在当地的地毯厂给人打工。但他的商业天赋，让他发现了当地的人力资源、西藏的畜产品资源与西方消费市场之间的秘密，于是，他用价格合理的西藏牛羊毛，用尼泊尔低廉的劳动力，自己办起了地毯厂，把富于喜马拉雅地区特色的图案的产品，远销到欧美市场，在纽约、汉堡等地，开设了自己的商店。因为与西方市场的经常性联系，发现西方古玩市场对喜马拉雅地区的古董的兴趣，又涉足这个领域。我和龙冬后来到过他在加德满都的家，家中书架堆满了西方拍卖市场的英文书籍。仅仅三四十年的光景，一个从西藏高原漂泊而来的穷小子，成为了亿万富翁。

次仁扎西要捐给我们的那 70 多件藏品，分散在加德满都、纽约和香港，需要分批次运回到拉萨。一个月后，这些物品全部运来。运送的过程中，还是有不小的麻烦，有时还要给出口国的官员"意思意思"才能放行。这个过程使人无不感慨，当一个国家贫弱之时，古董是往外走的；而当一个国家富强之时，这些东西就会往里走。一个小小的牦牛博物馆也见证了这一道理。

按照国际惯例，我们将次仁扎西聘为西藏牦牛博物馆荣誉馆员，并为其举办了专场捐赠仪式。拉萨市委副书记、北京援藏指挥部总指挥马新明、拉萨市副市长计明南加，分别为次仁扎西敬献了哈达，颁发了证书。

次仁扎西非常低调也非常实在，他在接受媒体采访时，只是说，这些老物件，放在尼泊尔，那里气候比较潮湿，而拉萨的气候比较干燥，所以，放在牦牛博物馆比较好。

27

通过捐赠，通过征集，我们的藏品达到了1000多件，如果算上复件，则接近2000件了。

按照博物馆的规范做法，先要根据展陈大纲，将展品与大纲——对应；同时，要把库房里的藏品变成展厅里的展品，必须经过专家鉴定，鉴定之后，还要对展品写出说明。按我们的要求，文字说明还必须是藏、汉、英三种文字。

问题是，谁是牦牛藏品的专家呢？西藏有对佛像、唐卡进行鉴定的专家，但对牦牛博物馆藏品进行鉴定的专家，上哪儿去找呢？经过请示文物部门，就按照民族民俗类专家去找吧。找来找去，还是那几个人：布达拉宫管理处副处长索南航旦，西藏博物馆副研究员娘吉加，收藏家次仁扎西，我本人和龙冬经过这一段时间的工作，也俨然成为专家了。

经过专家组的反复研究，得出的结论，与我们征集和受捐时的判断，还是有很大的距离的。有两种情况：

一是征集和受捐时，低估了物品的年代、质量和价值。在受捐或征集时，甚至物品的原主人也并不知道其年代和价值。比如，次仁扎西捐赠的一个牦牛毛的制品，起初被认为是坐垫，但经过论证，这实际上是吐蕃时代作战用的盾牌，距今已有1000多年的历史。又如，我们从一个古董商家里征集到的彩绘牦牛哈达，起初被认为是民间绘画，但经过论证，实际上是萨迦地区寺庙护法殿的用品，可能是明代的物品，保守地认为也不晚于清代。

另一种情况是，高估了年代、质量和价值。例如，我们受捐的一件牦牛头饰物，

专家对藏品进行论证

被认为是古代"天铁",经鉴定,为近现代仿品。

这样的专家鉴定会,举行了两次。我们虽然只是一个刚刚筹建的博物馆,还做不到严格规范,但至少要避免出现明显的常识错误,以至于闹出笑话来。

一项更为基础也更为困难的工作,别无选择地落在了我的助手龙冬身上——

这些藏品变为展品,要在未来的博物馆展出,那么,这件展品叫什么名?是什么材质?做什么用途?是什么年代的?

这项工作看似简单,却十分重要。次仁扎西作为收藏大家,但有的物件,他自己也说不上名字。因为龙冬一直对藏文化有兴趣,有一定基础知识,过去也涉足过收藏,只好让他来承担此项工作。

龙冬被我借来西藏工作时,曾经自诩是创意高手,但我对他说,牦牛博物馆已经是最大的创意了,现在需要的不是创意,而是最具体、最实际的工作。眼前的这项工作就是。

将近两个月的时间,龙冬每天泡在自己的临时住处,手上拿着藏汉词典,桌上堆着各种图册数据,再借助网络,借助手机请教,潜下心来,写了500多条展品说明。这几乎算得上一次"自我启蒙"。现在牦牛博物馆展品的文字说明,绝大多数就是根据龙冬这一阶段的工作成果展示的。尽管如此,还有个别的展品,没有人能够搞清楚其名称和用途,就老老实实写上:"未知。"

后来,龙冬根据这次撰写的展品说明,发挥他的文学天赋,写出了《西藏牦牛博物馆藏品抒情——献给沈从文先生》。此处摘录一段。

皮质天珠

"斯"是藏语对天珠的称谓，这个字音我找不到汉字准确译音，其实它是介乎"西"和"席"之间的一种发音。

这几年，人们对天珠的热情一浪高过一浪，有宗教信仰成分，更多则是驱邪避灾的吉祥祈求，也有寄希望升值的理财目的。凡是天珠，都是天价。一颗天珠，动辄几万、几十万、几百万、上千万，有的甚至数千万。天珠是什么？它实际就是3000 年以上天然图案玛瑙珠子在后来的人工仿制。我们今天所见古老天珠，大多相当于唐五代时期的人工制品。基本都是西亚两河流域和伊朗、阿富汗的产物。所谓"仿制"，就是以天然玛瑙裁切磨制成或长或短、或圆或方的珠子，以矿物颜料有厚有薄涂染描画，然后置于火中焙烤，在珠子上锈蚀形成各样方圆山水图案。西藏民族一向流行民间信奉，任何精美古老稀缺之物，都有可能被赋予神性。举个小例子。念珠该是神圣之物吧，在西藏，佛教信徒的念珠上也会拴系着挖耳勺和拔胡须的镊子，方便不时之需，重要的是，那挖耳勺和镊子因为老旧，成了"天铁"，就连今天巴基斯坦出土古代妇女发簪的圆形镂空铜质把柄，也成了"天铁"。冷兵器时代的吐蕃无比强大，不断向四周扩张。马背上的人，除去对粮食有兴趣，对女人有兴趣，对小孩有兴趣，他们最感兴趣的，就是异族文化的珠宝。所以，与其说天珠跟藏民族的民间信奉以至佛教有什么关联，倒不如强调天珠与西藏久远以前跟周边世界的密切联系。从一颗小小天珠，可以看到西藏民族曾经四通八达的交流、扩张和包容。天珠从来就不是西藏的，玛瑙不是西藏的，松石不是西藏的，海螺壳不是西藏的，砗磲不是西藏的，珊瑚不是西藏的，蜜蜡琥珀不是西藏的，菩提子不是西藏的，甚至藏红花也不是西藏的，许许多多不是西藏的，佛教也不是西藏的。那，为什么这些物质与精神最终都变成西藏的？还是吸收包容使然，物质精神相互作用使然，也是地域神奇自然和古老信奉的附着。这件天地眼图形古老天珠，以牦牛皮轧制黏合雕制而成，十分罕见，殊为珍贵。据说目前仅有两枚，另一枚作为藏品在青海某博物馆展陈。关于西藏皮质天珠，因存世稀少，标本材料不足，难以成为一个课题，有待未来新的发现和研究。

龙冬与我们一起还办成了一件大事——

牦牛博物馆的机构编制问题，一直悬而未决。曾经考虑过几个方案，如基金会、理事会等方式，但最后还是根据西藏社会发展的实际情况，做成一个由财政全额拨款的国家事业单位。但这种审批是非常困难的。自治区主席是机构编制委员会主任，非主席签字不可。

龙冬早年在西藏援藏时，曾经在《西藏青年报》任副总编。这是自治区团委的机关报。今天自治区人民政府主席洛桑江村曾经是自治区团委的领导。我与洛桑江村主席也很相熟。我们决定，为了牦牛博物馆的机构编制，一起去找一次主席。

那天早晨天还不亮，我们已经守候在主席家门口了，等到主席起床，早餐时打通他的电话，说我们就在门口，主席请我们到家中用餐。我们连忙向他汇报牦牛博物馆机构编制问题。因为主席是最早支持牦牛博物馆项目的，对这件事很了解，看了我们的报告，立即打电话给有关部门负责人，要求尽快解决。此后不久，自治区编委办公室下达正式文件，批复西藏牦牛博物馆为副县级事业单位，编制为 40 人，由财政全额拨款（后来拉萨市编办只给了我们 20 个编制）。

这就从根本上解决了牦牛博物馆的体制、机制、性质和未来生存方式的问题。对于我们来说，主席的批示，标志着牦牛博物馆组织形态建设的最后成功！

28

2013 年 10 月 2 日，这个国庆假日，我们继续进行田野调查，但这次调查很特别，我们先到山南地区的加查县去朝拜拉姆拉措神湖。

拉姆拉措神湖，据说能从湖中的光影中，看到前世、今生和未来。历代达赖、班禅和大活佛的转世，都要到这里来观湖，从湖中幻影的昭示中，获得寻访的线索。

很多普通百姓也来这里观湖，想看看自己的未来。老阿妈格桑曾经来观过一次湖，她从湖中幻影看到了拉萨。那时，他们一家人分散在藏北山南几处地方，观湖的当年，全家人都调到拉萨团聚了。次仁扎西早年也来观湖，他在湖中看到的是一处森林中的寺庙。第二年，他到四川省白玉县朝佛，看到的景象与湖中幻影完全一样。一位藏北小兄弟，幼时来观湖，看到的是藏北草原蓝天白云下的牛羊，此后，他就一直在藏北工作。这些传说太多了，真实得不容置疑。

　　这天，我和筹备办的尼玛次仁、戴飞、米玛一起，来到拉姆拉措。我们刚到时，湖中除了像镜子似的映出的白云外，并无其他。我们在那里不敢喧哗，手持念珠，

拉姆拉措神湖

默念着经咒，耐心地等待。夕照时分，湖中开始变幻光影，出现幻象了。大约 5 分钟后，幻象变得清晰起来，感觉像城堡似的，后来，越来越像是我们已经完成框架的牦牛博物馆。

我们大气不敢直出，一直到天色变黑。我们 4 个人交换自己所看到的幻象，一致认为，那就是我们的牦牛博物馆。

当晚，我们住在米玛家中，还在兴奋地谈论刚才看到的湖景，都认为我们有好运，牦牛博物馆一定会成功！

第二天，我们来到不远处的达拉岗布寺，既是朝拜，也是调查。达拉岗布寺以 1000 多米的落差，雄踞于雅鲁藏布江中段的高山上。这是嘎举派的祖寺，地位十分重要，"文革"中被毁，后又重修，几年前，两个康巴商人夜闯寺内，杀死两位僧人，劫走价值连城的文物。现在到那里朝拜的人不多。但其历史、遗址、地势仍让人叹为观止。

达拉岗布寺的创始人达波拉杰不仅是一位佛学大师，而且是一位藏医大师。他的坐骑是一头牦牛。他经常骑着牦牛去山上采药，为百姓治病，声名远扬。至今，该寺还供奉着他的牦牛坐骑的一只牛角。

因为我们是牦牛博物馆筹备办的工作人员，寺庙破例让我把这只牛角拿在手上仔细观看，并拍照留影。

尼玛次仁说，800 多年前，达波拉杰大师骑着牦牛创建了这座寺庙，今天，我们却要把牦牛带进我们的博物馆啊。

牦牛博物馆筹备办公室召开会议

　　在西藏待得时间长了，如果不是在宗教信仰上，也会是在风俗习惯上，或多或少受到当地的熏染和影响的。慈悲的观世音，带给雪域西藏群众像阳光一样普照的，就是慈悲，就是善。我们做牦牛博物馆，也是一件功德善举，我们一定能做成！

　　2013 年 11 月 18 日，牦牛博物馆筹备办公室召开会议，全体工作人员包括志愿者、编外专家参加，同时邀请北京援藏指挥部负责工程建设的张金利指挥、指挥部规划部部长周建瓴、负责工程总包的北京住总建设集团、负责装修展陈的北京清尚设计院、负责装修施工的北京天图公司、负责展览全程咨询的北京博华天工公司参加。会议有一种严肃感。

此时，距离 2014 年 5 月 18 日世界博物馆日，亦即我们预定的开馆日期，只有半年。

我在此次会议提出："一切为了'5·18'！"

无论如何，必须在 2014 年 5 月 18 日开馆！除了赶在世界博物馆日这一天，另外还有一个只有我自己明白的原因——从理论上说，按我的身份证上的出生日期，我在 2014 年 6 月就到退休年龄了。所以，必须赶在这之前，实现开馆试运行。

此后的工作，不再是我们筹备办的几个人能够自己打拼出来的了。我自己大致梳理了一下，要与自治区及拉萨市政府协调官方事务、与北京援藏指挥部协调统筹建筑事务、与总包方北京住总集团协调大工程进度、与清尚设计院及北京天图协调装修展陈事务、与北京博华天工协调展陈大纲及布展事务、定做展陈所需各种实物、布展的所有文字及翻译标牌说明、在展品最后截止日期前继续征集藏品、博物馆专项研究事务及开馆前宣传事务、筹划开幕活动事务，共有十大类数百件事项，需要一件一件去落实。

张金利指挥会后即召集参与施工的各分包商，下达命令：整个文体中心项目中，以牦牛博物馆为核心，保证牦牛博物馆在 2014 年 5 月 18 日开馆，各项工程，只能提前，不能延误。提前完成任务的要重奖，延误工程的要处罚。

十大类数百项工作，只能齐头并进。每一天都要有进展，没有时间忽悠，每天都在落实、落实、再落实。

筹备办的工作人员像是上紧了发条、绷紧了神经，走路的速度、说话的语速都加快了。每个人脑子里都在重复地响着一句话：

　　"一切为了'5·18'！一切为了'5·18'！一切为了'5·18'！"

29

　　2014 年春节藏历年一过，虽然我们就要进入最后的冲刺阶段了，但我还是把除了我以外的全体工作人员，包括驾驶员、炊事员、志愿者，全部送到北京，进行开馆前的培训，我自己留守在拉萨。这些工作人员虽然在博物馆筹备办工作了一段时间，但很多人甚至没有进过博物馆。

　　这得益于我的老同事韩凯，他从北京出版集团调出后，先后变动了几次工作，此时，他又到北京市社科联任党组书记。韩凯曾到拉萨来看过我，看到我在筹备过程中如此艰难，表示一定要为我们做一点具体的事情。社科联有几百个团体会员，有一些团体活动经费。于是，他筹集资金，安排人员，做出计划，在北京文物部门的配合下，促成了此次培训。北京社科联承担了他们从拉萨启程后至返回拉萨这期间的全部费用。

　　孩子们来到首都，他们中不少人还是第一次进京呢，开心、兴奋，忘却了在筹备过程中所有的艰辛。社科联给他们安排的陪同老师，像是妈妈一样地照顾他们。这些曾经的牧人或者牧人的后代，走进了国家博物馆、首都博物馆，进入了国家大剧院，登上了长城，朝拜了雍和宫。

那些文博界兄弟单位此前都没听说过牦牛博物馆，对这些将要进入博物馆的孩子们特别热情。在培训课程中，曾经为国家老一代领导人解说的中国最优秀的解说员前辈给他们上课，到国内最现代化的博物馆制作和库房去学习，身临其境地体会了一个博物馆工作人员的角色、责任和感受。

相声艺术家牛群来到西藏，听说正在筹办一个牦牛博物馆，通过西藏文联联系到我，来到我的办公室，听我讲牦牛博物馆，兴奋不已，赞赏有加。他说，因为他叫牛群，所以对牛情有独钟。汉字中的"牺牲"二字，都是"牛"字旁啊。当天他飞回北京，第二天，他给我发来一个长长的短信：

> 吴老师好！我昨晚到家都后半夜了，所以没敢骚扰。今天就算补报个平安，请老师放心。前天董常委让我弄个相声，说通过歌颂牦牛宣传西藏。回来我就想，这是真的吗？反正我觉得像是真的，翻来覆去说了好几回嘛。又让我去牦牛博物馆参观。要是真的，那咱没说！我最大特点，听领导的话，不偷懒儿！保证完成任务，而且还是无私奉献，这也算我以实际行动援藏了！谁让我是牛哪！而且是一群牛！说老实话，

我一直以为我对牛的研究是非常牛的，没想到听了您说牦牛，我当时就不牛了！因为以前，一说起西藏，几乎所有的人就知道藏传佛教。可要从牦牛的贡献及精神这么一个角度一切入，就把人文文化、地域特色与宗教融为一体了。这样才能更为深刻、更为历史、更为生活、更为时代，也更为生动地让所有的人都能接受、了解、理解及热爱西藏！热爱藏民族！为我们中华民族的悠久灿烂的文化而骄傲！我等待指示吧，只要这是真的了，我可就得使出吃牛奶的、钻牛角尖儿的牛劲儿了！最后再次感谢吴老师！感谢您给我上的这堂大课。我决心做到的，吃的是草，挤出来的是奶。我这次在您那儿吃的是奶，可我总不能给您挤草吧！我挤奶酪！

美国亚利桑那大学人类学院院长约翰·奥尔森，是娘吉加在美国求学时的老师，曾经作为美国科学院驻北京代表，在中国工作过3年，汉语很好。他是一位考古学家。他来到拉萨后，听我介绍牦牛博物馆，他有一份格外的亲切——其先父老约翰教授，是一位动物考古学家，研究的对象恰恰就是牦牛。老约翰教授作为中国改革开放后较早进入中国的科学家，曾经到过青藏高原，著有牦牛学研究专著多种。奥尔森认为，在青藏高原，在环喜马拉雅地区，牦牛都是一种极为重要的动物，它们与人类有着极为密切的联系。做一个牦牛博物馆，是非常有学术价值的。我们想请奥尔森担任我们的特聘专家，他说，啊，那我太荣幸了！等他再次来到拉萨，他带着一位加拿大的人类学博士同时也是博物馆专家，他们看了牦牛博物馆的初步展陈，不停地惊呼："Beautiful！"参观到牦牛科研成果单元时，奥尔森看到先父老约翰教授的遗像和遗文，泪水盈眶，说，你们做得太好了！今后牦牛博物馆需要我做任何工作，我一定会尽全力的！

　　西藏老领导、全国人大常委会原副委员长热地，来到牦牛博物馆工地视察，因为天气突变临时改为座谈了。热地是那曲地区比如县人，我在他的家乡工作过12年，

美国亚利桑那大学教授约翰·奥尔森

他对我还是有些了解的。他对在座的齐扎拉书记说，我本来是要让吴雨初给我当秘书的，他却跑到北京去了。我对他说，我要是给您当秘书，早当大领导了，不过，那就少了一位牦牛博物馆馆长了。后来，热地把我两次请到他家，听取博物馆筹备情况的汇报，找出一些牦牛影像数据给我，并为牦牛博物馆题写了"高原之宝"作为纪念。

30

20 多年前拉萨照相馆的工人顿珠和拉姆夫妇，他们有一个小儿子索朗，是一个极其可爱的小男孩，被我认作干儿子。20 多年过去，这种干父子的关系一直持续着。索朗长大了、工作了、成家了。他的妻子，是过去在农牧学院的同学，分配在林周县畜牧站工作，被我们借调过来，成为牦牛博物馆筹备办的工作人员，她就是次旦卓嘎。

在牦牛博物馆筹备期间，几乎所有人的家人和亲戚、朋友乃至于亲戚的亲戚、朋友的朋友，都毫无商量地被拉进了志愿者、捐赠者的行列。

索朗当然不能例外。此时，他正参加工作组，在墨竹工卡县的一个牧区下乡蹲点，时间为一年。我们决不会放过这个机会。次旦卓嘎和尼玛次仁、米玛等人，来到索朗的工作点，向工作组和乡政府说明来意，他们便在当地开展藏品征集。乡长带着这一行人，挨着村挨着户叫唤："谁家有老东西啊？！"说得好听，叫游走的商人；说得不好听，像是收破烂的。

我们真正需要索朗帮忙的是，请牧民到施工现场，来搭牦牛毛帐篷、做场景复原、垒牛粪墙。这些东西，北京来的施工工人根本没见过，只有牧民能做。这事说来简单，操作起来却很复杂。一方面，按我们工地施工的节奏，只有施工到这一步，牧民才能进场；另一方面牧民又有自己的生产节奏，只能等到牧闲时，才有时间到拉萨来。其中，更为头痛的是，牧村里没有手机信号。索朗要与我们联系，还要开着摩托车到5公里以外的一个山口，才能拨通电话。来来回回联络了无数次，牧民终于进入现场。

这些牧民非常奇怪，为什么要在这座现代化的大型建筑里，搭起他们的传统帐篷？在帐篷里，还要砌起他们传统的火灶，甚至还要在这里垒起他们家门口那样的牛粪墙？

后来，牧民们发现，在这所现代化大厦里，他们的帐篷是那么好看。

次旦卓嘎在田野调查时结识的牧民曲扎，后来，我专门去拜访过。这真是一位天才牧民！他既是牧民，又是农民；既是木匠，又是画匠，更重要的，他甚至还是一位思想家。

我到曲扎家里拜访，曲扎说："通过次旦卓嘎，因为牦牛，我们成了好兄弟。

吴老师，您做牦牛博物馆，真是大功德，我要尊您一声大哥。"

说到牦牛，曲扎的话可就多了——牦牛与藏族是生死相依啊，我们的历史、我们的文化、我们的生活，哪一点跟牦牛没有关系呢？每个民族都会有自己的特点，因为牦牛，我们藏族跟其他民族就有了不同。要是将来牦牛消失了，我们藏族可能也就消失了。

我第一次听到一个牧民从这样的高度，来认识牦牛和牦牛文化，真不能相信，眼前这位汉子，是一个每天围着牦牛转的牧民。

听说曲扎会做木匠活，还会绘画，我很想看看。曲扎就带我到他们村后的一座寺庙。那寺庙，是曲扎盖的，寺庙的壁画，是曲扎画的。画得真好。我当时就问，你会画牦牛吗？他说会啊。我问他，你能不能到牦牛博物馆给我们画牦牛去？曲扎答应了。

第二年4月，通过次旦卓嘎，我们把曲扎请到了拉萨。

我带着曲扎，在正在施工的牦牛博物馆工地转了一整圈，告诉他，将来这里是展出什么、那里是怎么布置。曲扎问，这都是你想出来的吗？我说，是啊，大家都在帮忙想啊，也包括你啊。曲扎说，这个博物馆将来比寺庙还要好，到寺庙，能拿到加持过的甘露丸，到这里可以看到我们的历史和文化，看到我们的传统和生活。

在牦牛博物馆的第一展厅，我们借鉴寺庙护法殿的风格，专门设计了一个空间，那里将展示一具金丝野牦牛头。那个空间的顶棚和三面墙，都交给曲扎。曲扎问我，画什么？我说，随便你，想画什么就画什么。

曲扎与他画的壁画

  当时的博物馆还是堆满钢筋水泥材料的工地。曲扎带着他的一个表弟，自己找钢管材料搭起了一个脚手架，就开始了。

  曲扎只有 3 天时间，因为 3 天后，是他们村集中开始上山挖虫草的日子。这可是当地牧民的生活大计，每斤虫草的价格好几万元呢，是一年当中最重要的现金收入来源。

  曲扎作画，没有底稿，想好了就直接往墙上画。在那个小空间的顶棚，画上了

曲扎写在纸背面的信

牦牛图案，在一面墙上画了牧人与牦牛的生活场景，另一面墙上画了农民与牦牛的劳作场景，而正面墙上，是他想象出来的主题画——他把牦牛的双角，想象成为两座雪山；双角之间的颈峰，被想象成为太阳；牦牛额头的鬃毛，被想象成河流，流淌的河水中还隐藏着藏文的"牦牛"；牦牛的两只眼睛，被想象成湖泊；牦牛的颊骨，被想象成崖石立柱。从这具牦牛头两侧铺展辽阔的原野。

只有正面这幅图，曲扎是在从一张工地上捡来的水泥包的牛皮纸上打了草稿的。我让曲扎一定要把这张底稿留下来。

曲扎在我家吃过饭，因为要赶回去挖虫草，走得匆忙，忘了把那草稿留下。等他上了长途班车，我才发现那张牛皮纸没留下，便打电话给他。他说，那等这趟班车返回拉萨时，让司机带回去。在班车返回时，他在那张纸的背面匆匆忙忙写了一封信，字迹潦草，我让司机米玛翻译成汉文。信中写道：

"作为一个养牦牛的牧人，我要向牦牛博物馆的吴老师和全体工作人员致敬。你们办牦牛博物馆，就是在传承和弘扬西藏民族民间文化。我们都热爱西藏文化，我们是兄弟，因为我们身上流着同样的血……"

米玛读完曲扎的信，我流泪了。

31

　　娘吉加作为最早介入牦牛博物馆筹备工作的特聘专家，承担了筹备期间的许多工作，非但如此，他还把他的妻子华措、他的亲戚也变成了我们的志愿者。

　　我们在牦牛万里之旅中，已经把他的弟弟加羊宗智喇嘛变成我们博物馆的植物标本制作者，后来，又把他的哥哥才让当智请到拉萨来，从事一项筹备办现有工作人员难以承担的工作。

　　办牦牛博物馆不是做一件哗众取宠的事情，而是需要扎扎实实的学术基础的。从一开始，我与娘吉加商量，我们要编一本高原牦牛文化论文集，现在找人写是来不及了，但可以从现在能够找得到的数据中筛选、编辑。娘吉加认为这是一个好主意。恰好他在四川大学藏学院进修，可以承担前期的数据查找工作。

　　娘吉加利用四川大学的图书馆和学术网络，搜索到大批汉文、英文和藏文相关资料，复印成厚厚三大本。我看了一下目录，觉得资料很有价值，可以编辑成一本包括汉、藏、英三种文字的论文集。

　　但是，谁来承担编选任务呢？这个人如果不能精通三种文字，最好也能兼通两种文字。娘吉加说，英文的编选，前期可以他自己承担，初编后，请他在美国读书时的老师再编。汉文和藏文，可以请他哥哥才让来编。

才让当智原是一名退役军官。退役后，一直从事藏文化研究与写作，曾经出版过翻译著作，藏汉文能力都很强。怎么这么合适啊！才让当智老师就是最好的人选了。我们立即请才让当智老师从青海来到西藏，住在娘吉加家里，调拨一台计算机，专门从事论文集的编辑工作。

才让当智到拉萨后一天也没休息，第二天就开始工作。一周时间，先行浏览了现有数据，然后在筹备办召开内部讨论会。才让当智老师提出了基本的编选思路，我们确定论文集编辑的下一步工作——

一是 3 种文字：汉、藏、英。

二是 3 块内容：人文、考古、科技。

三是 3 种编选方式：全选、节选、原创。

四是 3 个步骤：定目录、录文字、细编辑。

五是 3 个要求：不能有政治性错误，不能有常识性错误，尽量减少文字性差错。

其中，仅仅录入汉、藏两种文字一项，就有几十万字之多。

才让当智老师毕竟是修过佛法的人，有定力，脑子清，特勤奋，工作效率也很高，几乎是夜以继日地工作。

另一方面，娘吉加承担的英文部分的编选也在进行中。他把文稿发给美国的两位教授，请他们审阅。

我与娘吉加、才让当智再去找西藏人民出版社社长刘立强，商定出版事宜，要

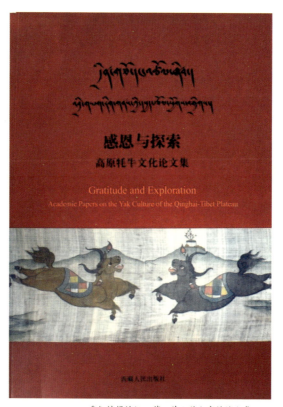

我们编辑的汉、藏、英 3 种文字的论文集

求就是在 2014 年 5 月 18 日前见书。

　　除了编选之外，才让当智老师本人撰写了《牦牛在藏医药学中的作用》，娘吉加撰写了《牦牛文化考》，为藏文部分增色。我在北京上庄时的老友徐迅撰写了《先秦文献中的"牦牛"略考》。

这部汉、藏、英3种文字，共计70余万字的论文集，终于在我们开馆之前印制完成。拿到书的人都很惊讶：你们筹备事务那么繁忙，居然还能编出一本学术论文集来？简直不可思议！

才让当智老师让我写前言，我坚决地推辞了，一是因为我实在没有时间，二是我也写不好，就请才让老师写，一定写得很好的。

才让当智老师的前言写出来，真是非常精彩，而我是绝对写不出来那样的文字的。

前　言

谁能秉持千年风骨一脉相承

锁定欢喜日月双目遍照天地

爱心智慧吼声惊雷传播文明

从容牦牛就是高原人类瑰宝

在青藏高原上，牦牛从很早就先于人类生活于广袤无垠的大草山中，并和人类一道守护者这片神圣的净土，这就是高原人类世世代代敬重牦牛，并结伴积淀高原文明的缘由所在。在此，对于高原人类而言，牦牛是永远的祖先，是祖父母，是父母，是兄弟姐妹，是子女，是朋友伙伴，是邻家亲戚朋友……就是在千万年来共同的实际生产、生活中自然形成的生命共同体和文化共同体，却不是神话，也无须图腾，因为牦牛及其原始以来固有的博大厚重情怀时时刻刻真实地和我们在一起。展开青藏高原自然与科学、人文与历史、精神与艺术的恢宏画卷，在美妙神圣的雪域圣境中，高原人类和牦牛与大自然融为一体，崇尚自然万象，遵从自然规律，造就生态文明，和万千生灵和睦相处，休戚与共，在不断交替的历史进程中积淀着寂静殊胜的文化底蕴和从容纯真的人类性格。牦牛作为高原人类的生产伴侣和财富源泉，始终行进于高寒辽阔的青藏高原上，世世代代都是高原人类勇往向前的路标楷模，不断为高原人类提供精神追求和生存动力。不但以自己天生坚韧不拔之特质滋养着高原人类经受磨难、坚强不屈、乐观进取的特异气质，以雪域之舟高远的胸襟包容万物、吐故纳新、坚守性情，指示雪域人类坦荡明晰胸怀中志愿成就前世来生的远大理想，而且还以自己似雪域雄狮一样的体质、热烈似火的燎原性情和似天地宽厚的容忍情怀，为世代生活在寒冷高原的坚强人类带来温暖热情，抚慰心灵，振奋精神，开阔眼界。正是有牦牛高贵气质的相依相随，才使高原人类具有无与伦比的生态文明和牦牛文化。为加深人类对高原之舟的了解，我们于西藏牦牛博物馆开馆之际出版发行《感恩与探索—高原牦牛文化论文集》，让热爱并关注牦牛文化的诸位仁人志士感受高原牦牛文化的温暖。

这本论文集包括藏文 9 篇论文、汉文 30 篇论文（13 篇人文类、11 篇学术类、6篇科研类），英文 4 篇论文。

9 篇藏文论文以 13 世纪萨迦八思巴尊者为我们传授之傲视天地、英气雄健、慈悲高远的《牦牛赞》为依持，以索南丹达先生在绒布寺演唱的上师传承《牦牛礼赞》

开示启发高原牦牛对高原人类与其他生灵的爱心呵护。由此，谢扎、白玛嘉、拉莫杰、杨本才让、娘吉加、才让当智、洛噶等先生都从各自不同的角度阐述了从野牛成为牦牛的驯化经历和生活环境、牦牛文化的产生渊源与民族性格、牦牛文化的考古学意义、与牦牛有关的民俗习惯、牦牛的神话渊源、牦牛名称由来、牦牛乳制品和肉食等营养、牦牛皮毛和角骨制品、牦牛粪的利用及其制品名称、牦牛绳结、牦牛文化的未来发展前景。

30篇汉文论文涉及人文、学术、科研的方方面面。其中，在人文类论文中，由亚格博、娘吉加两位先生撰写的《关于牦牛及牦牛博物馆》，不但从物质层面概述了牦牛为高原人类提供的衣食住行等方面的帮助，还从精神层面阐释了从远古直到今天牦牛与高原人类源远流长的关爱情怀，并具体介绍了创意西藏牦牛博物馆及其命名过程，使我们与西藏牦牛博物馆如此的亲近；由娘吉加先生在珠峰脚下绒布寺直接搜集、整理并翻译的15世纪上师遗存的《牦牛礼赞》，为我们描述了一群古老的牦牛带领高原人类守望蓝天高原，关照雪域圣境，携手万千生灵，宣扬爱心智慧，相助和睦共处的世间美妙情景，其中蕴含的高原人类牦牛文化博大精深，赐予我们无限穿越遐想和亲情温暖；龙冬先生撰写的《西藏牦牛博物馆藏品抒情——献给沈从文先生》从不同侧面介绍了牦牛毛帐篷、牛皮箱、牛皮盘和皮胎漆碗、藏毯、火镰、皮质针盒、酥油桶、牦牛脖套响铃、嵌贝放牧包、二牛抬杠、牦牛驮鞍和驮盐袋及鞍垫、吾尔多、牛皮船、皮质腕套、皮质箭囊与弓袋、皮质天珠、皮质手持转经筒、牛角毒咒器、牛角鼻烟壶、牛毛盾牌、鱼鳞铠甲、纺线锤等牦牛制品的功用，很温暖。由徐迅先生撰写的《先秦文献中的"牦牛"略考》一文，则搜检先秦典籍，分析上古时代牦牛品类，发现有牦牛、旄牛、犛牛之分别，分布地域遍布今天甘肃、宁夏、内蒙古、陕西、湖北、湖南、四川、云南、贵州、西藏，而牦牛之种，则多生活在"西南徼外"之地的四川、云南、贵州、西藏。其他各篇论文主要从各自关注的不同视角，沿着牦牛生活路线图，探寻牦牛图腾型藏族族源神话、牦牛文化的宗教抉择、唐墓壁画中所见拂尘、藏族宗教仪式中的牦牛、琼鸟与牦牛羌的图腾变迁、青藏高原牦牛文化中的图腾和岩画、华锐地区白牦牛文化、牦牛与藏民族文化等，为我们展示了高原牦牛文化在文化人类学意义上的丰富内涵。在探索牦牛文化的学术论文中，各位作者从各自不同的敏锐视角探讨牦牛在青藏高原各个历史阶段经济、文化、军事、教育、医药、体育和衣食住行、交通运输、烧饭取暖、农耕生产等方面发挥的重要作用，让我们耳目一新；才让当智先生整理的《牦牛在藏医药学中的作用》，从医药学视角，根据藏医药学经典文献的记载，探寻牦牛在医药理论和实践中实施自身的作为，该文将牦牛的药用功效和饮食价值按味、性能区分为角、骨骼、肌肉、血液、脂肪、脑髓、酥油、乳汁、酸奶、油脂、酪浆、肉汤、酪水、曲拉、五脏六腑、皮革、蹄、毛、粪便等 20 类，都有预防保健、滋补养生和对症治疗的功效，使牦牛在人类健康和医药学实践中具有与众不同的特殊作为，由此更加深刻地诠释牦牛对人类健康事业做出的巨大贡献；由［法］J. Bonnemaire 撰写的《牦牛》，根据牦牛的命名、一般生物学特性、地理分布、野牦牛、牦牛的驯化、牦牛的现状等方面，研究分析了西藏那曲察秀塘祭祀遗址哺乳动物特别是牦牛的遗存及其意义，以郭里木吐蕃棺板画为对象研究考古发现所见吐蕃射猎运动、牦牛文化与牦牛经济、野牦牛的起源与现状、牦牛青铜器与牦牛文化、牦牛图腾问题、甘青地区新石器时代家养动物特别是牦牛的来源及特征等，细细读来，使我们对牦牛的学术意义有了更加深入的了解，由此从内心深处感恩牦牛为高原人类提供生产生活便利和人文亲情关爱。有关牦牛的科学技术研究论文，在陆仲麟《中国牦牛科学技术发展回顾与展望》一文中，对新中国成立之前牦牛科学技术研究的进展概况、新中国成立之后的发展、我国牦牛科学技术的发展评估与讨论、21世纪牦牛科学技术发展展望几个方面有较为详细的介绍；在《牦牛的分类学地位及起源研究：mtDNAD-100P 序列的分析》等科研论文中对牦牛的分类等有更加深入的研究，使我们对牦牛有更深入的认识；其他论文分别从牦牛的生态类型分类、牦牛分类地位研究、吐蕃野牦牛角疗法与蒙古牛（驼）腹急救术、牦牛头骨解剖等领域加深了对牦牛本身的研究，为我们打开了一扇高原牦牛的科学研究之窗。

4篇英文论文内容涉及野牦牛的驯化过程、在历史长河中牦牛文化的传播、源于史书记载的牦牛名称、野牦牛探源、高原人类与野牦牛的关系、考古学意义上的牦牛化石研究、牦牛骨骼的研究、牦牛与世俗宗教的关系、牦牛与其他家畜异同比较、牦牛为高原人类提供生产和生活便利、牦牛粪的作用，以及牦牛奶等乳制品、牦牛肉等肉食为高原人类提供的能量。

总之，正如西藏牦牛博物馆创办人亚格博先生真情述说的"牦牛数千年来与藏族人民相伴相随，尽其所有成就了藏族人民的衣、食、住、行、运、烧、耕。牦牛的存在和使用，涉及青藏高原的政治、教育、商业、战争、娱乐、医学、物质用品等等，深刻影响了藏族人民的精神性格，也影响了藏族人民物质生活的方方面面，从而形成了独特的高原牦牛文化"。"它为藏族人民提供着生活和生产必需的数据源，成为一代代在青藏高原上繁衍生息、发展壮大的藏民族生命与力量的源泉；也是藏文化中不可或缺的符号。""一个动物种群与一个人类族群这样独特的关系，实属罕见，具有典型的人类学意义。"这就是说，学习研究高原牦牛文化，内容涉及高原文明的方方面面，加上牦牛被赋予广泛的文化人类学内涵，使我们越来越对天天耳闻目睹亲密接触的牦牛更加知之甚少，开启牦牛世界的大门，我们只是初来探求学习，只是迈出了一小步，前行之路任重而道远。

因此，我们殷切期望各位前来参观西藏牦牛博物馆，我馆必将秉承"憨厚、忠诚、悲悯、坚韧、勇悍、尽命"的高原牦牛文化精神，肩负起保存牦牛文化物证、传播牦牛文化知识、探究牦牛与人类发展的相互依存关系的使命，加强对一个物种和一个民族关系的认识，从而推进社会的和谐与进步。

英武雄健持续守护高原
戴云穿雾迅游播撒甘露
质朴慈爱珍宝从未穷尽
美妙事业高原牦牛文化

祝愿读者朋友在极地温暖阳光沐浴下，畅饮高原牦牛文化甘露。

32

　　在今天的牦牛博物馆"相伴牦牛"展厅，有一个单元，是展示牦牛驮队从事盐粮交换的情景的。这十来米的展线，浓缩了数千公里的驮运路。30年前，我们拍摄《万里藏北》时，曾经拍到过牦牛驮运的镜头。在这个展厅，我们展示了一群驮牛的头骨和一批征集到的驮鞍、驮袋。在另一侧的展柜里，展示了一本书——《西藏最后的驮队》，作者是我的好朋友加央西热。他是藏族作家里第一个获得鲁迅文学奖的。实际上，我们的很多展品，背后都有一个甚至一串故事。《西藏最后的驮队》记述的是一去不再复还的劳作方式，又是一个牧民出身的作家的个人丰碑般的作品，所以，我力主要将其展示出来。

　　关于这件展品和展品背后的故事，可以从我过去的一篇追悼文章《天葬诗人》中见到始末。

加央西热和他的《西藏最后的驮队》

天葬诗人

我放弃固有的生存方式，放弃那些粉红、光艳的肌肤，放弃玫瑰的思想，把自己融化在旷野的万籁俱寂之中，把情感凝固于石板沉甸甸的经文，我的梦与鹰飞翔。

1

这是藏族诗人加央西热几年前的作品《岗仁波钦》中的诗句，却不幸在他刚刚47岁的时候就成了他自己命运的写照。2004年10月30日，加央西热走了。3天后，在西藏著名的直贡堤天葬台天葬。

11月12日，中国第三届报告文学大奖颁奖仪式在北京人民大会堂举行，我代加央接受请柬并将其放在他的获奖著作《西藏最后的驮队》中——那上面有加央在他生命最后一天给我的签字，可能就是加央这一生写下的最后几个字。这部著作同时获得了鲁迅文学奖评委们的认可，可望在2005年的春天正式得到那份荣誉。

2

10月22日，我得到加央病危的消息。当时，他已经进入深度肝昏迷状态，离开医院被抬回家，可能也就这一两天的时间了。我不知道我能做些什么才有意义，犹豫多时后给他家打去电话，他的妻子彩云试着把听筒放到他耳边，时而昏迷时而清醒的加央听到我的声音，竟还能发出一两个音节来，我告诉他要挺住，他用微弱的声音说："好！"还说："想你！"

我在那一刻决定立即赶回西藏。

当我从北京辗转成都飞往拉萨走进他家里，我的确感到了死神的所在，闻到了死亡的浓重气息。加央在此之前还喃喃地念叨："飞机还没有到吗？"但我喊着加央的名字时，加央的眼神却一片茫然，他念着"吴老师"，却似乎看不出我就在他的面前。我们仿佛隔在相距遥远的两个世界里对话。渐渐地，他好像从梦中回到现实，恢复了意识，认出了我，我们相拥着痛哭。看到加央越来越清醒，我有一种强烈的感觉，必须抓紧时间把我们之间要说的话说出来。我对彩云说，能不能请在场的所有人离开一下，让我们俩单独谈谈。

"加央，还记得我们第一次见面吗？"

加央擦着泪水点点头……

3

那是20世纪80年代初期，藏北草原那曲小镇的一个夜晚。

一位穿着藏袍的青年人敲开了我的那间半屋牛粪一张床的平房的门，透过昏黄的烛光，我看到这个人黝黑、瘦削，牙齿显得特别白，一头鬈发，他不是那种高大的牧民汉子，却从小眼睛里透出一种俊秀之气。因为我曾发表过一些文学作品，有一点小名气，加央便慕名而来，他从宽大的藏袍袍襟里掏了好一阵才掏出一张薄薄的信笺，非常腼腆而谦恭地说："吴老师，我写了一首诗，您给我看看。"我至今仍历历在目的是那张信笺上分行排列的汉字，题目是：《开往北京的列车》。那首诗基本上只是几句顺口溜罢了，后来我还是将它做了修改，并推荐给一个刊物，使加央的文字第一次变成了印刷品。

此后，我们开始交往，这场朋友一做，就做了20多年，直到生命的终点。

加央当时只有20多岁。而在那之前不远的一些年前，他还只是藏北地区班戈草原的一个小牧民。到14岁才上学，开始认识他曾在藏汉对照的《毛主席语录》见过却念不出来的汉字。一共只读了7年书，加央便留在了他就读的地区中学当教师——可以想见当时藏北的教育水平。后来，加央给我讲他的家乡，讲他儿时在草原的生活，我觉得他所说的那一切才真正是诗歌创作的题材，而不是什么当时根本没有影儿的"开往北京的列车"。20世纪80年代初，随着"文革"的结束，思想解放运动与文学复兴之风从北京吹到西藏，也吹到了藏北草原。加央所得到的文学启蒙，也正是在这个时候。我把加央从地区中学调到了我所管辖的文化局，在一个有着比较浓郁的文艺氛围的小环境里，加央开始了真正的文学创作。

那一年，《西藏文学》的编辑马丽华到藏北草原来组稿，加央拿出了他的组诗《童年》。实际上，我更愿意将这一组诗称为加央的处女作。加央对于草原生活诗意的理解，他的内向而灵秀的气质，他的大胆跳跃和他的细腻，尤其是他夹杂着藏语思维的汉文使用方式所带来的奇特感觉，在这组诗里得到了最初的表现。尽管有那么多错别字和语法错误，但我们感到了真正的诗，这使我们十分欣喜。

加央西热的名字，可译作"智慧文殊"。或许冥冥之中真的有一种命运的主宰，加央就是被安排到藏北草原来从事文学创作的。从那之后，加央用他十几岁才学习的汉文，写出一组又一组令我们这些来自内地的汉族作家诗人惊讶的诗篇，包括《盐湖》《草原》《岗仁波钦》等等。我们自愧弗如。

4

在那个年代里，藏北草原的艰苦生活是现在难以想象的，比今天更为寒冷的气候，常年很难吃得上蔬菜，物资供应困难，交通不畅，信息闭塞。但在我们那个小环境里，一种浪漫精神像每一家都离不开的牛粪火一般，旺盛地燃烧。如果不是身临其境，很难理解我们在那么严酷的环境中何以如此欢乐。加央在我们这群朋友中，更内向一些，他生来语气轻弱，话语不多，一双小眼睛总是露着好奇，但在许多时候你能感觉到他的位置和分量。在我们新盖起的文化局院落里，我的左邻右舍分别住着加央和加措，还有我们的小兄弟次仁拉达，有汉族作家李双焰、画家李发斌，年长一些的民间文艺家土敦，在艺术团里有舞蹈家多吉才旦、向阳花和作曲家黄绵谨，小蒙古琪琪格最早是在这里当编辑，在这个小镇上，还有诗人黄涌、孔祥富等一群文学青年，使得这个藏北群体在西藏文学艺术界很有些影响。

加央在那时组织了家庭，我主持了他的婚礼。一年后，他的女儿出生，我给她取名"妮妮"——既非藏名，也非汉名，而是一个好听的昵称。直到我去看望生命垂危的加央，我才又看到已经长大成人的妮妮。我还曾与马丽华一起到过加央出生长大的故乡班戈草原，我笑称那里是"古老的班戈部落"，他的慈祥的父母热情而亲切。加央作为我们培养的民族干部正在成长，先是担当文化科科长、文化局副局长，这期间，我还安排他到我的老家江西的大学去进修，他也曾作为我的兄弟与我的老父老母及全家其他人吃过团圆年夜饭。为让他对汉族地区的底层生活有更深的了解，我还带加央到鄱阳湖畔的农村参加过传统婚礼，吃过农家宴，他后来反讽那是"你们古老的江西部落"。1988年，我调到自治区党委工作，加央被地委调任中共索县县委副书记。他到拉萨来开会时，常来看我。加央在党政领导岗位上虽然干得很不错，但从心灵深处却并不很适应那套行政思维和语言系统，他仍然痴情于文学。

我在西藏工作15年后于20世纪90年代初调到北京。加央则向组织要求调离了党政工作，来到西藏自治区文联和作家协会，实现了他自己的一个心愿，成为了职业作家。

5

在自北京赶往拉萨前夕，我向参与鲁迅文学奖评奖工作的周明同志打过电话，说明加央现在生命垂危的特殊情况，问他能不能把评奖的消息告诉加央。周明同志说，这对于他是一个安慰，评委们对《西藏最后的驮队》给予了高度评价。所以，我告诉加央："你实际上已经是中国鲁迅文学奖的获得者了。"

加央满意地笑了，露出他一口洁白的牙齿。我也笑了："一个'老牧民'的名字跟鲁迅的名字怎么联系起来的呢？""老牧民"是我对加央经常用的戏称。

20 多年前，我曾经写过一首诗《驮运路》，第一次把藏北牧民最艰苦的古老的劳作方式——驮运，写进了文学作品。加央读了以后非常感动，也由此受到了启发，但他说我侵犯了他的"专利"，因为他曾亲身参加驮运。后来他写过组诗《盐湖》，但仍卸不去他的"驮运情结"。写一本关于驮运的书，成了他的一个梦。

2000 年冬，有一段时间没有加央的消息，而从其他渠道得知他生病了。我通过长途电话辗转反复才找到加央，他正在成都东奔西走地求医问药。我让加央把检查结果传真给我，那是一堆非常含混的检查单，我和余梅认为，那样不正规的求医只能耽误治疗，便让他赶紧到北京来。到北京后住进地坛医院检查，他的情况已经相当严重，肝硬化实际已经是中晚期了，我们不敢把这一情况告诉他本人。这期间，西藏文联的强平主席、马丽华副主席都来看过他，并嘱我一定要帮忙。我当时正在北京市委副秘书长任上，公务缠身，也做不来医生，就只能一有空暇便往地坛医院跑。2001 年春节前，我送去一个花篮，上面写着："亲爱的加央，希望你在这个正在到来的春天里康复！"很多次，加央总是看着我流泪。我知道他的心情。加央在地坛医院住了 3 个月，他的身体状况果然在春天里有了很大改善。出院后，由在京友人沙青和季丹安排，在北京郊区怀柔他们的住所里休养，并且在那里开始构思创作《西藏最后的驮队》。

加央似乎是必须完成这一使命的，他返藏后，通过 e-mail 不断地把书稿章节传过来。我意识到这将会是一部重要的作品，起初我还打算帮他做一些文字修改，后来，我觉得这种修改已经不重要了，重要的是他要将此书写出来。在这一时期，加央还忙着文联和作协的一些工作，而且他的肝病又反复了几次，但他终于还是把这本书写出来了。在这段时间里，我从北京市委调来北京出版集团工作，我们下属的北京十月文艺出版社以极大的热情编辑出版了加央的书稿，《西藏最后的驮队》于 2004 年初面世。

对于加央来说，这是一部生命之作。

6

《西藏最后的驮队》一问世，便受到了文学界、藏学界和社会大众的关注。2004 年 4 月 23 日，我将加央接到北京，参加北京出版集团举办的世界图书日暨"人生中国"丛书工程启动活动，另一方面给他安排医院继续治疗他的肝病。世界图书日那天，加央站在首都图书馆报告厅的演讲台上，讲述他的人生和创作的故事，让更多的媒体和朋友认识了这个老牧民和他的作品，进而认识了他的那个高原民族。我以藏族的礼节，向他敬献了哈达。

6 月，加央在同仁医院接受了一次成功的手术。毛羽副院长亲自到手术台指导。术后，经过短暂的休养，在他的妻子彩云的精心照料下，加央的身体得到了很好的恢复。我们按照一年以来的构想，开始讨论他的第二部作品，就是以西藏文化和西藏近几十年来的社会变迁为背景，以他本人从牧民到诗人的亲身经历，写一部人生纪实，列入北京出版集团正在进行的"人生中国"丛书工程。

他甚至已经写出了 3 万余字，有的段落感觉还相当的好。

　　9月14日晚，加央夫妇到我家来，因为第二天他将要返回西藏。那是北京初秋一个轻风细雨的夜晚，我们在一起待了很久。细心的加央，特地带来了照相机，要与我合一个影。我知道，加央对自己的身体带有极大的疑虑。自从他患病之后，每一次见面和分别，他都会很动感情。他在《西藏最后的驮队》后记中就说："假如有一天我不写东西了（也许这一天的到来并不遥远），那我一定是去了另一个世界……"我心里也总是不清楚，每一次的分手，究竟是生离还是死别！

　　在加央生命垂危之时，我们毕竟还是见上了一面。我不能肯定，是不是会发生奇迹，但当我们见面后，奇迹的确出现过。第二天，加央非常的清醒，他从死亡的边缘，从另一个世界的边缘又回来了。为了证实这一点，我问加央昨天在他半昏迷状态我们交谈的内容，他能够断断续续地回忆出来。但我必须把那些话——有的只能是我们两个人知道的话——再重复一遍。加央很清醒，对那些重要的话，既有哲学层面的话，也有非常世俗的话，表示了肯定。

　　也有些事情，他不能肯定。我说："加央，我们都不能确切地知道，是不是存在另一个世界。"

　　从昏迷中醒来的加央用困惑的眼神，费力地说："我看不清。"

　　"如果真是存在另一个世界的话，加央，面对那个世界，你不要害怕。你想想这一生，没有伤害过别人，你自己也尽力了。"

　　加央点点头："是的，我尽力了。"

　　"加央，如果真的存在另外一个世界的话，我想，也可能存在与这个世界交流信息的渠道，我们会找到那种交流方式的吧？"

加央迷惘地说："也可能会有的。"

加央去了以后，至今还没有那一个世界的信息给我传来。

7

我在拉萨只能待上完整的一天。离开拉萨的那天早晨，我专程到大昭寺，像从广大藏区前来朝佛的人们一样，在金身释迦佛前，为加央叩头祈祷并发放布施。此前，我去过大昭寺很多次，但都只是参观，这一次我真的是拜佛去了，我为加央，为我所爱的人们，向大慈大悲的佛祈祷！——虽然我并不是一个信教者。

这一天的加央，真是非常的好。他清醒，他感到有些力量了，他能够正常地与我们交谈，甚至，我们与来照料他的前妻（妮妮的妈妈，一个心地善良但性格怪异的女人）做鬼脸时，加央也开心地笑着。我们的小兄弟次仁拉达捧着一尊佛像前来看望，加央还很乐意地与我们照了一张相。

我对加央说："现在看上去，你挺过来了，我希望你明年春天到北京来领取鲁迅文学奖，希望你把《从牧民到诗人》这部书写出来。但是，加央，不可否认，也还存在另一种可能性，我们必须正视，你要对一些事情有安排，有决定，有交代……"

于是，加央与我很冷静地商量了几件重要的事情，并做了决定。

时间那么快地接近午时，敏感的加央听到院门响声，说：

"到时间了，是加措来催你了吧，你该走了。"

这是 2004 年 10 月 25 日上午，加央把我抱得很紧，我们禁不住放声痛哭，我反复地喊着："加央！加央！"

我回到北京，还接到过加央打来的电话，他说自己不仅能打电话，还上了楼，还能到院子里走动，那是他临终的前两天。我手里拿进拿出过很多本加央的著作，但是在属于我自己的这一本上，还没有请加央签字。在离开拉萨去机场的路上，我想起了这件该做的事，托付给朋友平杰。加央在临终的前一天，给我留下的那本书的扉页上签了名。加央的好转让我们在悲伤与无奈中看到一丝希望，但没人能抓住那份希望。这一次，竟不是我们曾无数次经历过的生离，而是真正的死别！

8

加央去世的消息传来，我难以表述自己的心情，只对自己说了一句："作为朋友，到头了！"我的意思是，在这个现实世界里，我们完成了作为朋友的全过程。

为了西藏文联举行的追思会，我写了一副挽联，有诸多在京朋友联名，挽联曰：从藏北草原来，淳厚牧人，步步艰辛驮运路；往岗仁波钦去，奇才作家，字字心血鲁迅奖。

是的，作为朋友，到头了；但作为出版人，我仍希望把加央的一生编辑成书："人生中国"丛书中的一部——《从牧民到诗人》。这一点，加央临终前得到了确定。

与我交往了 20 多年的朋友加央就那么走了。但正像加央自己所说的，"假如由此说我是驮运路上的一个'逃兵'，那是不公平的，我只不过以另一种形式在走……"

天葬，是藏族一种传统的普遍的丧葬方式，神圣而纯洁。11 月 2 日，按照加央的意愿，他被送往天葬台，进入了他在诗作《岗仁波钦》（岗仁波钦是西藏最著名的一座神山）中曾经那样生动而深刻地描写过的那种境界——

你躺在我敞开的心扉。

在宛若泪泉的冷淡与湛蓝的天空中

我隐约听见凄迷的胫骨号声，

传播爱的真谛，让生命永在

你包容了各种肤色各种信仰的人，

在你的疆域没有屠杀和血腥

你为我和我的族人

增添了许多色彩与亮丽，

故事如委婉动听的歌……

我想念加央，想念加央此时所在的岗仁波钦皑皑雪峰上的西藏蓝色的天空。

33

一天，西藏文宣系统的几个朋友连着给我打电话，说，吴英杰书记在大会上表扬你了！

我有些奇怪，吴英杰的确跟我很熟的，30多年前，我们就认识的。但吴书记表扬我干什么？

后来，我的朋友付俊、觉果等人来告知我详情。吴英杰是在自治区文宣系统干部大会上讲话，脱稿讲了一段。说，你们认识吴雨初吧？早年他在那曲最艰辛的麦地卡当文书，到拉萨来，我们差一点把他当偷自行车的小偷抓。他后来到北京当大官了，可他放着北京的官不当，跑到西藏来做牦牛博物馆。起初我是泼冷水的，西藏资源就这么多，有西藏博物馆，还正在建一个西藏自然科技馆，你搞牦牛博物馆有那么多东西吗？两年多过去了，我们举全区之力办的自然科技馆，到现在还没有眉目，吴雨初以一人之力，却把牦牛博物馆建成了。你们媒体要好好宣传报道啊！

领导的表扬当然是好事，但怎么把领导的表扬变成牦牛博物馆的具体利好呢？我觉得领导的表扬，对我们来说，是一个提醒，就是充分运用媒体，加大对牦牛博物馆的宣传。其实，我们只满足于一些朋友的口口相传的赞扬和传播，大众传播做得还很不够。现在，既然书记有话了，我们就应该跟上啊。

一段时间，在中央媒体、自治区、拉萨市的媒体，比较集中地对牦牛博物馆做了报道，特别是西藏电视台的藏语频道，基层老百姓比较广泛地接受。有一天，我们到林周县农村去征集藏品，那个农民一打开门看见我就说："这不是亚格博吗？"我问，你怎么知道啊？农民说："昨晚在电视上看到的。"

此后，在西藏外宣工作的付俊，通过他的工作关系，在全球 30 多家纸质媒体，以整版篇幅报道了牦牛博物馆。

我 30 年前就是西藏作家协会会员了。逢到西藏文联换届，老朋友扎西达娃、沈开运和吉平，都要把我拉到文联当委员，这于我个人没有什么好处，但对牦牛博物馆却很重要，至少可以求得文联工作上的支持啊。

2013 年，我和龙冬萌生了一个想法，就是搞一次牦牛文学征文活动，但这个活动应当与西藏作家协会合作来办。这样，我这个文联委员不是可以发挥作用吗？于是，我们找到扎西达娃和吉平，他们完全赞同。但征集的作品到哪里去发表呢？我们又联系北京十月杂志社，主编、副主编陈东捷和宁肯都是老朋友，他们觉得这是好事，一定支持。宁肯提出，有两个条件，一是老吴你本人要写一篇，二是要有一篇写你的。我本人多年没有进行文学创作了，我也最不愿意人家写我，但为了牦牛博物馆，只好答应了。我们对《十月》的要求还是，必须在"5·18"开馆前把专刊印出来。

　　在那繁忙的日子里，我居然重操年轻时代的旧业，写出了一个短篇小说《拉亚·卡娃》。我甚至不知道自己写的是不是小说。初稿出来，我请来龙冬，请他用15分钟时间，帮我看一下。龙冬凭着文学编辑的职业敏感，认为这是一篇非常好的小说，"应当得到至高奖赏"。

　　扎西达娃、吉平亲自给全国涉藏题材的作家打电话，可以说是一呼百应。后来，被读者和网友评论为，这期《十月》专刊，聚焦了全国涉藏题材的"土豪阵容"。

《十月》杂志的
牦牛文化专刊

扎西达娃本人好几年没写作了，也写了一篇分量很重的散文。今天看来，这期牦牛文化专刊还是很有价值的。

以下是《十月》杂志牦牛文化专刊的目录：

特　稿

牦牛赞　　　　　　　　　　　八思巴·洛追坚赞　著　娘吉加　译

吐蕃人的福畜——牦牛的品德赞　　多识仁波切

今夜，牦牛精灵的呓语　　　　扎西达娃

拉亚·卡娃　　　　　　　　　亚格博

野牦牛，荒原的沉默者　　　　杨柳松

回望西藏的七张面孔　　　　　马　原

亚格博与牦牛博物馆的故事　　土　豆

西藏牦牛博物馆藏品抒情　　　龙　冬

中篇小说

雪地·牦牛·另一种状态　　　班　丹

伊峨神山与圣城拉萨　　　　　扎　巴　著　龙仁青　译

时光上的牧场　　　　　　　　尹向东

蓝色的海　　　　　　　　　　格绒追美

《牦牛》纪录片在牦牛博物馆开馆当晚播出

　　此外，通过蔡赴朝同志联系中央电视台的总编辑罗明，派出了以李文举为编导的一个摄制组，拍摄了一部题为《牦牛》的纪录片。后来在5月18日开馆当天晚上在央视纪录片频道播出。

34

　　这里，我不顾本书的篇章结构，一定要把《拉亚·卡娃》这篇小说插在这里。虽然我有 30 年没有写过小说，这篇小说也写得匆匆忙忙的，但我自己认为，这是一篇重要小说，有助于对牦牛博物馆的理解。

拉亚·卡娃

　　他们一直在谋划着是不是要杀我。

　　其实他们早就知道我能够听得懂他们的语言。他们总是在夜晚谋划这事儿，因为我每个晚上都在反刍着白天的食物，磨牙的声音能够从圈里透过帐篷，所以他们以为我听不见。

　　"再不杀卡娃，难道要把它当作佛来供奉吗？"

　　主张杀我的，是我最好的朋友嘎桑。当我来到这个世界，就被当作礼物送给他了。那时候，他才三岁。我们一起长大。如今，他三十岁，是人类最好的年龄了。

他英俊，魁梧，总是用火红的缨须系成英雄发，是色雄草原上很多姑娘追逐的对象，但他却没有娶其中的任何一个，尽管我知道嘎桑跟姑娘们很多故事。他有知识、有文化，是我们这个村的村长，他能够在全村的男女老少面前说很多话，那些词我大多听不明白。而我，却已经是老态龙钟了。我的同辈都死完了，或者累死了，或者病死了，或者被杀了，只有我还活着。

"你们要杀卡娃，先把我杀了吧！"

我听得出阿妈央金的声音里带着哭腔。她从来不这么大声嚷嚷，说话时像平时念经一样呢喃着，只是在关于是不是要把我杀了这件事情上，她才会这样的。

已经有一段时间了，关于是不是杀我，他们的讨论总是无疾而终。不知道这一次，会不会有什么结果。

第二天，他们仍然赶着我，还有我的同伴、我的后代，到色雄措湖畔草原。太阳刚刚升起来，北边的山上还有淡淡的白雾，透过白雾还能看到色雄寺的金顶。这场景感动了很多远方来的诗人，还有摄影家，据说又感动了更多的人，他们还由此得到了一些小名利呢。

我生下来的时候，全身黑色，额头上长着一片白色的毛，他们就给我取名"卡娃"，后来他们又给我加了个前缀"拉亚"，于是，我成了现在的"拉亚·卡娃"，即"神牛·卡娃"。

那是二十年前的事了。

那时嘎桑十岁，而我只有七岁。

嘎桑在我们乡的小学上六年级，就要毕业了。他读书。他聪明。只用了四年就读完小学了。可他的心事并不总在书本上。他总想着跟我一起，到色雄措湖边，跟我一起玩儿。毕业考试那天，他让我待在教室外，他的意思是，把考卷一交，就骑上我跑了。考试的时候，可能有几道题比较费神，他就把眼光望着窗外的我，我摇了摇尾巴，用只有他听得懂的声音哼哼两句，他又接着做下去。他比他的同学都更早完成考题。考完出来后飞快地跨上我的背，我们俩高高兴兴地跑到草原上撒欢去了。他对我说，你真行，哼哼两句，就把答案告诉我了。其实，我根本不知道我告诉他什么了。

阿妈央金并不知道我们之间的这些秘密。她犹豫着是该让嘎桑继续上学，还是当一个小牧人，当然现在上学还是很时髦的，因为政府鼓励，上学的人也可以看看外面更大的世界。嘎桑上中学的那天，无论谁赶我去牧场我也不去。因为我知道，嘎桑像领头牛一样，拿到了最好的成绩，他要到我们县里去上中学了。那时候，我们村里上中学的也只有嘎桑一个人了。我等在帐篷门口，要为嘎桑驮行李，为他送行。

嘎桑终于对阿妈央金说："要不是卡娃，我是考不上中学的。你看，它什么都知道，它正在等着送我呢。"

阿妈央金惊讶地看着我，用她的粗糙的手抚摸着我额头上的鬃毛，似乎才醒过闷来："卡娃，你怎么知道的？难道是'拉亚'（神牛）吗？"

嘎桑大笑："阿妈，卡娃就是'拉亚'（神牛）啊！"

嘎桑到县里上中学的那天，他得到乡亲们为晚辈敬献的第一条哈达，我也由此得到村人献的一条哈达。我的双角顶着那哈达，很神气地驮着嘎桑和他的行装，从村到乡、从乡到县，由此"拉亚"的名字也就一路传播开了。

但我并不因为"拉亚"这个称谓有什么特别的感觉。

人类总是把他们不明白的事、他们做不到的事、他们所希望的事，都归为"拉"（神）。这样，"拉"（神）不是很累吗？

我已经很累了。不是说我每天干活很累，我驮着牧民的全部家当，到处游牧；我从色雄草原出发，到西部去驮盐，再到南部农区换回青稞驮回来，一走就是几个月，一走就是几千里。驮运的汉子们都累得脱形了。虽然我也很累，但这不就是我的命吗？

我所说的累，不是指这个。

嘎桑甚至到现在也不知道他的父亲是谁。而我却知道。

一个行走经商的康巴人，到处收集牛绒羊毛，也偷着收一些藏羚羊皮毛，然后到很远的边境上去卖。他来来往往，到了色雄村，就悄悄地钻进阿妈央金的帐篷。嘎桑就是这样偶然地成为色雄草原的后代的。阿妈央金从来也没有告诉过嘎桑他的父亲是谁。

但这一切我都清楚，比谁都清楚，甚至阿妈央金。

那是一件残酷的事情。

那个康巴商人不再满足于买卖牛羊毛的生意，开始打起了倒卖佛像、唐卡的主意。色雄草原北边琼达山上有一座色雄寺，曾经金顶林立，远近来朝拜的人拜佛转湖，延续了几百年。突然在一个疯狂的年代，也是那些世代拜佛的人，用石头、用绳索、用砍刀、用烈火，甚至用炸药，把整座寺庙变成一片废墟。可是，不到二十年，他们又在这废墟上重新修复色雄寺。愧疚的人们在漆黑的夜里，把散失的所剩无几的古老佛像法器悄悄地送了回来，几个还没有还俗娶妻的僧人回到这里，敲起了牛皮法鼓，重新念起了经咒。那个康巴商人知道寺庙里那几尊古老佛像的价值，其中任何一尊都要比他倒卖几辈子羊毛还值钱，让他几辈子都花不完。于是，他装得像一个虔诚的信徒，到庙里磕头，跟僧人套近乎。在一个月黑风高的夜晚，他溜进经堂，用腰刀砍死了两个正在半梦半醒中念经的僧人，劫得了几件天价的宝物。但他非常精明，没有立即逃跑。他知道边境上已经布控，警察们到处埋伏盘查，他是跑不出去的。他假装若无其事地仍然走家串户收购羊毛。

　　几天后，是色雄草原的赛马会。其中的一个节目是斗牦牛。最精彩的一场，是卡娃我与邻村的一头名叫"嘎美"的家伙斗角。本来，斗牛只不过是让牧民娱乐娱乐罢了。嘎美根本不是我的对手。但是，我已经看到了那个康巴人坐在人群中大呼大喊地吆喝，仿佛完全忘记了几天前的夺命罪恶。这时，嘎美血气衰竭，败势已现，而我却退守下来，突然转过身去，冲向人群，朝着那个康巴商人奔去，用我的角刺进他的胸膛，把他的心脏钩了出来。整个赛马会像是爆炸了一般，不知道发生了什么，人们狂呼着，有的人操起腰刀，有的人赶紧把孩子们护在胸前。我却趁乱冲出了人群。我的角上顶着一颗人的心脏，狂跑了很远。那里有一群野狗，它们一哄而起，把那颗心脏撕扯着吞下去了。

奇怪的是，那一次，乡亲们并没有把我杀了。

阿妈央金从不凑热闹，赛马会上的那一幕她全然不知。乡亲们不知是故意不告诉她，还是根本没意识要跟这位不问世事只知道干活念经的女人说起这事件。总之，她什么都不知道。在外人看来，她只是对一个暴死的异乡人，以悲悯之心，给他送葬。那天天不亮，她用一根黑色的缰绳牵着我，把那康巴人残缺的尸体搭在我的背上，一步一步向琼达山的天葬台走去。她没有哭，只是上山时喘着粗气。把尸体卸下来，她摸摸那男人的头，使劲揪下他一撮头发来。那时候，天葬台并没有天葬师，其实就是野葬，让一群兀鹫撕扯叼啄。我从琼达山下来，回头看看山上并没有兀鹫盘旋，便对村外那群野狗哼哼了两声，它们听懂了，飞快地向琼达山跑去。

我的那些野狗朋友们以它们灵敏的嗅觉发现了康巴商人藏匿那几件宝物的地方，它们带着我去看。我和狗们用嘴用蹄拱着石块和土，将宝物埋好。没有人听得懂我们之间的语言，更没有人会理解我们的感觉。如果不出现奇迹，这些宝物将会安然地沉睡几十年几百年。一旦人类以后发现这些宝物，他们会将此称作"伏藏"，并编出很多离奇的故事。

这一切，嘎桑不知道，而且永远也不能让他知道。

细心的读者一定会猜疑——卡娃你是怎么知道的？

如果不是为了讲述这个故事，我是不会说出我的经历的。

当然，你们首先还是按照你们的大师那个大胡子达尔文的说法来理解我。我的最早祖先是野牦牛。这你们都知道的。现在羌塘、可可西里还有几万头我们的原始兄弟。因为因缘际遇，我们这一支就被高原藏族人驯化了，成为现在的我们，我们漫布青藏高原。我们被驯化后的历史，艰辛、苦难、光荣、辉煌。我们做过战骑，做过驮畜，做过坐骑，做过耕畜。我们的背上，坐过松赞干布、坐过文成公主、坐过格萨尔、坐过达赖班禅、坐过驻藏大臣，也坐过张经武、张国华、谭冠三、范明、平措旺阶，坐过嫁出去的女和娶进来的郎……

可是，你们大概都听说过六道轮回之说吧？你们不知道自己是怎么辗转来到这个世界的吧？我可以跟你们讲讲我的来历。我已经经历过很多很多次转世了。因为我的品行并不最好，也不最坏，我总是在人畜之间来回地投胎。最近一次的转世前，我还是个人呢。

那时候，我叫尼玛，就是太阳的意思，也是星期日的意思。我小时候，被家人送到了色雄寺，于是人们就叫我扎巴尼玛。我每天都起早摸黑地念经学佛。我的功课还算不错，能流利地念诵《甘珠尔》和《丹珠尔》中的很多内容，常常得到师父却杰活佛的夸奖。但我并不是一个很好的僧人。因为我十六岁那年，遇到了一个跟着父母前来寺庙拜佛的姑娘卓玛，她的美丽可以跟寺庙唐卡画中的度母相比。但是她总弯着腰，长长的发辫被各种家传的饰物坠着，从那缝隙里露出雕塑般的鼻子和眼睛。她对我用温柔的眼光一瞥，几乎让我十年的修习定力毁于一旦。我到密修室，盯着那些骷髅画，一看就是一夜。却杰活佛经常教导我们，那些骷髅穿上衣服就是美女，而美女脱去衣服就是骷髅。可是一到白天，卓玛又来了，她在布施时故意用手指触了一下我的胳膊，我一下子感到全身发麻。即使她是一具骷髅，我也想让她脱去衣服看个究竟。我用一整个夜晚向佛祖磕头，请佛祖宽恕我的罪过，请却杰活佛宽恕我的罪过——因为我决心要离寺出走，与卓玛私奔。

但是，卓玛莫名其妙地有几个月不来了。再次出现在寺庙时，她几乎是从一个仙女变成魔女。她穿着一身军装，戴着红袖章，长长的秀发也剪得跟鬈毛羊差不多，头上扣着一顶军帽。她跟在一个自称"兵团司令"的男人身边，那个男人其实就是相邻牧场的一个好吃懒做的混混。她跟着他狂喊着口号，用大棒首先把本寺的主供佛未来佛砸得粉碎，卓玛居然用轻蔑的口气说，不就是一堆泥土吗？然后那个男人拿着木棒对着我，你这个秃驴，满嘴唵嘛呢叭咔哄，一肚子男盗女娼，说着就一棒子朝我脑袋打来，头上的血流过我的眼睛，透过血光，我看到那个"司令"在砸碎成泥土的未来佛上，取下一块蜜蜡和一块珊瑚塞到卓玛胸前，他自己则把装藏的一个小金佛和一颗最昂贵的天珠揣进囊中。

我们的佛像被砸了，我们的经书被烧了，我们的寺庙被毁了，我们的却杰活佛疯了，寺庙的经书、唐卡与几百年的梁柱一起，在烈火中烧了几天几夜。从色雄草原远远近近都能看到，那烈火像是一座冒着黑烟的巨大的金字塔。

我的脑袋用撕碎的袈裟布条裹着，我不知道我该往哪里去。寺庙山崖下有一片白云，忽然从彩云里显现出卓玛——那个真正的度母，她的慈悲，她的美丽，她的宽厚，吸引着我向她走去，她用那双长着眼睛的手，托着我的身子，轻飘飘的，我走向了另一个世界。

于是，我面临着又一次转世。

我远远没有修炼到不生不死的涅槃境界。我不得不面临再一次转世。

但这一次，我无论如何不再选择转世为人。

我选择了再生为牦牛。

但不知佛祖是如何安排的，居然让我托生在阿妈央金家里。

我生下来的那天，阿妈央金抱着我，对他的儿子嘎桑说："孩子，这牛犊来到我们家，是你的福气，送给你做礼物吧！"于是，三岁的嘎桑就想爬到我身上来玩耍。那时，我从母胎里出来还不到半天，但我已经能够站起来了，并且能够承得住嘎桑小小的身躯了。

嘎桑第一次到色雄寺去，是阿妈央金牵着我，他骑在我的背上。从色雄寺的一片废墟里已经重新修建了经堂。我的师父却杰活佛已经垂垂老矣，他当了近二十年疯僧，终于又回到色雄寺。阿妈央金长跪在师父面前，让小嘎桑不停地磕头，师傅给他摩顶祝福。小嘎桑不知道为什么要这样做，他更不知道曾经在这里出现过的烟火旺盛、疯狂劫难、罪恶谋杀和如今的光复。我只是一头牦牛，不能进经堂的，但我能够从门外看到师父，师父也看到了我。我看到师父的眼里含着混浊的泪水。

几个月后，我从湖畔草原远远看到，北山上的寺庙出现一道虹光，我的四条腿突然像瘫了似的，倒在草原上。傍晚，小嘎桑赶着我回村。阿妈央金告诉他，却杰活佛圆寂了。她让儿子跟她一起，面向北山色雄寺，合十跪拜。阿妈对他说，幸亏我们还去朝拜过活佛，他给你摩顶时还说，你是个有出息的孩子。

嘎桑在县里上完初中，又考上了地区的畜牧学校。每次放假回来，还会帮着阿妈放牧。不过，他不再像过去对待我那么亲热了。他好像不再觉得我是"拉亚"了。他更喜欢跟村里的姑娘说话，有一次甚至还带来他们牧校的一位女同学。他说的话我越来越听不懂了，比如，他会说飞机、火车、计算机，他说女同学露着半截大腿的鲜红的裙子好看。他用新奇的数码相机给她照相。他说，你骑上卡娃，背景就是色雄措蓝色的湖水。那女同学就跨在我的背上，一边一条圆浑浑的大腿。照完相，他还把相机的屏幕给我看，我看到那大腿在我身上就哆嗦。然后他就抱着女同学在草原上打滚，咯咯咯地笑个不停。他指着我对女同学说，这是我的朋友卡娃，村里人都叫他"拉亚"（神牛）。

嘎桑的确是我们村最有学问的人了。连我们村的村长——其实不是正式的村长，现在叫村民小组的组长，但乡亲们还是习惯叫村长——见了他都很恭敬，要问问他外面的世界变成什么样了。村长对阿妈央金说，等嘎桑毕业回来，我就该交班了。

嘎桑跟村长和阿妈说，他在地区牧校时，有一位老师叫亚格博，对他特别好，教给他很多现代科学知识，并且把他带到汉地大城市上海去了一趟。嘎桑说，天哪，那个叫外滩的地方，真是天堂啊！我们念经总是祈祷要上天堂，谁见过天堂什么样？我就见过啊！那里连夜晚都能看到彩虹，那里的江水里都浸着彩虹呢。他拿着他跟老师在外滩的合影照片给他们看，继续说，我们色雄草原太落后了！将来一定要好好发展，比如，这里可以搞旅游，让那些待在城市里的人们来看看我们这里的美景，这样也能够让乡亲们富裕起来。

果然，嘎桑毕业的那年，据说因为当年没有"编制"，就是没有找到官家的饭碗，回到村里来了。第二年，他真的就成了我们"村长"（村民小组组长）了。

从前年开始，政府就张罗，要保护草原生态环境。最重要的，就是要减轻草原载畜量，防止草原退化。具体地说，就是按多少亩草原养一头牛或羊，超过的必须淘汰。任务一层一层下达，当然就到了色雄草原。

嘎桑对乡亲们说，政府的政策好啊！让我们少养牛羊，那是为了我们草原永远兴盛。我们少养牛羊，政府还多给我们钱作为补贴，天下哪有这么好的事情！

乡亲们诺诺点头。

嘎桑继续说，如今村里有了汽车，牦牛也不用驮运了；如今家家盖起了新房，也不用住牛毛帐篷了；如今有政府补贴，也不都指着卖牛绒羊毛了。政府是为了我们好，是为了我们子孙好啊！

他的话句句在理，可是任务最后要落实到每家每户每头牛羊。乡亲们犯了难。谁不希望自己家门口牛羊满圈呢？谁家的牛羊跟这个家庭没有说不完的故事呢？

嘎桑说，你们都狠不下心、下不了手，那我只能以身作则了。卡娃，你们都知道吧，拉亚·卡娃是我最好的朋友，我只能把它杀了给你们看看。

可回到家里，阿妈央金却死活不同意。"为什么你就不能放过卡娃呢？你不是说它是'拉亚·卡娃'吗？"

嘎桑对阿妈央金说："那也不能把它当作佛来供奉吧？"

是的，一般牦牛到七八岁就该杀了，即使自然生命也只能活二十多岁。而我却活了二十七岁，是色雄草原上最长寿的牦牛了。

我很惭愧。我枉活干什么？

可我却不能自杀！

阿妈央金哭了。

"孩子，你知道我为什么养着它吗？我是为了给色雄寺放生的，是为了给却杰活佛放生的！不杀它，是因为我自己要赎罪啊！"

嘎桑不知道该怎么办了。

嘎桑来到他的母校地区畜牧学校。几年不见，他的老师亚格博已经苍老了，他的头发掉光了，像个喇嘛似的，为了上课时严肃一些，只好戴上一个假发套。他的性格也变得忧郁了。不过，见到学生嘎桑还是很高兴的。他们一起喝酒，聊天。他们讲色雄草原的逸事。说那个曾经的"兵团司令"后来当了县革委会副主任，因为群众揭发他的打砸抢恶行，被开除了。后来他经商，在深圳要以三千万元的价格向一位港商倒卖一尊金佛和一颗天珠，被警方抓获，后来被判了二十年徒刑。说有一位叫卓玛的老妇人，给色雄寺新塑的未来佛献上了珍贵的蜜蜡和珊瑚。

嘎桑发现，老师变了，不再只是给他讲那些先进的科学理念了，老师心事重重。嘎桑则向老师倾诉在基层工作的烦恼，讲到我——拉亚·卡娃的命运，讲到他与阿妈的冲突，他说，老师，你说我做得有错吗？可是，我连自己家的一头老畜都杀不了，怎么去减轻草原的载畜量？怎么去维持草原的生态平衡呢？

老师回答不了他的问题。他们一个劲儿地喝酒，都喝醉了。

一个冬雪天，亚格博老师来到色雄草原，跟嘎桑在牛粪火炉旁边聊了一夜。阿妈央金不停地为他们续着酥油茶。老师对嘎桑说，要维持草原的生态平衡，先得要求草原人的心态平衡。他说他研究了一辈子牦牛，那些牦牛整天整夜都在他的脑子里奔跑。他说他做了一个梦，现在，他要为经历了那么多苦难、施予了那么多恩惠、留下了那么多功德、成就了那么多故事的牦牛建造一座博物馆。

阿妈央金不知道博物馆是什么，老师就说，啊，就是"亚颇章"（牦牛宫殿）。阿妈央金会意地笑了。

第二天早晨，老师要走了。

他拉着阿妈央金和嘎桑走到我跟前，要一起照张相，他对阿妈央金和嘎桑说：

"我们跟拉亚·卡娃照张相吧，以后就可以让它到牦牛博物馆去啦。"

老师走了。嘎桑赶着我到雪后的草原上。嘎桑抚摸着我额上结着冰凌的鬃毛说，拉亚·卡娃，你真以为我心狠啊？是的，我学过动物遗传学，学过血液分子结构，但是，我还真的搞不清你是不是神牛。你这头老牦牛，当初要杀你，既是为完成任务，可从心底里说，也是为了你早点转世啊！来世是做人还是做牦牛，我可就管不了你啦，卡娃！嘎桑说着说着，他把脸贴在我的脸上哭了。现在好了，老朋友，总算是给你找到一个归宿了。

我跪下前蹄，让嘎桑骑上我的背。我这老身子，还能驮得动他。正像我刚出生时就驮上了三岁的他。

现在，我在色雄草原要做的最后一件事，就是带着阿妈央金，去找到那堆"伏藏"，让她送回到色雄寺。

35

　　拉萨还远没有成熟的市场经济，不像是内地城市，需要什么，通过万能的互联网、万能的搜索，甚至一个微信，就能把所有的事情搞定。我们展陈所需要的很多民族特色的展品，不知道上何处能订购，不知道找谁办，所有的事情都要找到熟人才能办成。

　　前面提到的帝师八思巴所写的《牦牛赞》，我们认为这是重要的展陈，必须有一尊八思巴大师的塑像。我带着桑且拉卓、尼玛次仁，到八廓古城，转遍了做铜佛像和泥佛像的作坊，不是做不了，就是价格高得离谱。桑且拉卓想起她认识的一个喇嘛，没准儿能做。于是，派她跟次旦卓嘎、尼玛次仁去联系。那个喇嘛听说是牦牛博物馆要做一尊八思巴的铜像展示，觉得这是一件很好的事情，答应接下这件事情。我们从各处搜寻到八思巴的形象数据给他送去，他自己也有类似的数据，用一个比较公道的价格，但时间要求是半年以上。我们盘算了一下，希望在5个月内做好，喇嘛也答应了。这期间，我让桑且拉卓不停地询问制作的进度。还好，喇嘛没有食言，按期完成。虽然牦牛博物馆是一座以科学理念为基础的博物馆，但涉及宗

八思巴的铜像及其诗作

教，我们还是按照藏传佛教的仪式行事。喇嘛们对这尊八思巴大师塑像进行了庄严的装藏和开光，尼玛次仁等人开着车迎请铜像入馆时，给铜像献上哈达，绕着布达拉宫转了3圈。因为已经开光，放在库房，孩子们还要每天给这尊佛像供奉净水。

我们的后勤兼炊事员益西卓嘎的丈夫桑东，是一位唐卡画家，曾求师于安多强巴艺术学校。我们曾经到他家专门去看过，他的唐卡画有一定的功底，绘画态度严肃认真。

牦牛博物馆第二展厅"探秘牦牛"，是展示牦牛的起源、迁徙、分布、特征等自然属性的。这部分展陈比较容易过于当代化。于是，我们设想，在这个展厅，要加入唐卡的形式，用这种民族风格的绘画，来反映牦牛与藏族的关系。我们设计了牦牛与藏族关系三部曲，即猎杀、驯化、和谐。

我们将此任务交给了桑东。桑东接到这个任务，既兴奋，又紧张。兴奋的是，作为一个年轻的唐卡画家，能为博物馆绘画，当然是一件很光荣的事情。紧张的是，他此前只是画唐卡佛像，那是按照度量经来画的，只要心诚、仔细就好，而这次则是进入创作，用我的话说，就是以唐卡的形式来讲故事。

桑东专门在古城租了画室，找画界朋友研究，拿出勾线草稿后，又带我去审看，最后定稿，一共画了3个多月。

这3幅唐卡给第二展厅增添了民族气息。

牦牛博物馆的第三展厅"相伴牦牛"中，需要体现牦牛在藏医药学中的作用。一方面，需要包含有牦牛成分的藏药实物，这必须是藏医内行才能办到。我的朋友闫兵正好认识一位藏医专家，叫才多，他非常认真地查找数据，寻找藏药实物。他的研究成果颠覆了一些藏医认为藏药中没有牦牛成分的偏见，给牦牛博物馆提供了20余种藏药实物展品。

我们查阅西藏古典医学著作《四部医曲》，发现其中的挂图中，有一幅显示藏医对牦牛的品性和功能的认识，想把这一幅图复制出来。但找谁去做呢？

老市长洛嘎说，我带你们去。在那个神秘的八廓古城的小巷里，有一处古建筑公司，其中就有专门画唐卡的师傅。老市长认识这个公司的头儿，对他说，他们是牦牛博物馆的，想复制一幅唐卡，你们要找最好的师傅，还要按照他们的时间，但价格不能太高。公司的头儿很尊重老市长，一个劲儿地说：啦索啦索！好好！我们说定3个月交货，价格8000元，这比市场价至少优惠了1/3。

牦牛博物馆中的13个品种的牦牛标本，也是波折多多。西藏当地做不了大型动物的标本，而内地能做标本的又不知道哪里有标本活体。我们通过内蒙古博物馆的朋友，找到了在昆明做标本的郑慧云老师，她原本也是做博物馆出身，懂得博物馆动物标本的重要性。她通过大学实习生，按照我们提供的数据和要求，带着寻找活体标本的任务，完成了云南、甘肃、四川、青海、新疆标本的找寻和征集。但是，西藏地区的标本却要我们自己寻找。

我们根据洛嘎老师提供的资料，在林周县种畜场找到了3种，因为老市长的关系，种畜场给我们挑选了最好的活体，同时价格也比较公道。最后一种叫"仲杂"的品种，是野牦牛与家牦牛杂交后的第一代，这个品种只有到藏北双湖才能找到。

因为尼玛次仁曾经在那曲地区行署办公室工作过，各县都有熟人。他们到达双湖，去往最接近无人区的边缘地带，在那里找到了"仲杂"，在获取标本时，米玛开的越野车，被他们获取的对象硬是用头角顶出一个大窟窿。

获取和处理活体标本，必须按照郑老师教授的方法进行，还要以最快的速度空运到昆明，虽然我们有各种证明，但机场还必须有熟人，才能按时发运。那天，因为我们的包装不符合空运要求，临时在机场边的一个运动场重新进行处理，如果不能在当天空运走，我们第二天还要重新折腾一回。那天我们在机场奔跑忙碌了好几个小时，离飞机起飞的时间很近了，我们的货物才上飞机。看着飞机从贡嘎机场起飞，我们几个人都累瘫了。

36

到了施工、装修、展陈、布展几方合作的阶段了。

我每天戴着安全帽，奔波在工地现场。

几个方面的工程负责人见了我都说："吴老（工地都这么称呼我），您放心，'5·18'前一定能完成！"可是，工地上还有那么多问题，我怎么放心？万一不能完成的话，我怎么办？

施工方面，结构早已完成，还获得了结构长城杯，但作为总包方承担的电路、风道、消防，如果不能提前完成并验收，后面的装修工程就难以推进。西藏自治区建设厅厅长陈锦是我们同一批进藏的朋友，他几次到工地视察，还给我们协调了一位技术联络员到现场工作。

装修方面，一些材料从内地运输，迟迟不能到达；他们的头顶上，总包方还在作业；因为自动滚梯的巨型构件入场，原先没有料到其体积如此之大，刚做好的大门要拆掉，刚铺好的大堂地面要掀开。

展陈方面，筹备办、博华天工、特聘专家们日夜工作，最终确定入馆的展品，对每一件展品的文字说明要进行最后的核准，并且要翻译成藏文和英文，要确定展板的大小、文字的字体字号，每做一点哪怕是小的改动，都要重复很多道工序。现

在河水里洗涤毛质编织物

在的工作不再是书面上或者计算机上的设想了，而是具体到每一个实际空间布局当中。

布展方面，我们几方面都没有一个专业布展的行家，请博华天工公司从北京协调一位布展专家紧急进藏，指导布展。同时，还请国家博物馆派出了两位退休专家前来提供咨询。筹备办人员在各个岗位上待命，布展到哪一步、需要什么展品，立即从库房查找、调拨、搬运。

几天后，博华天工协调的布展专家魏然老师到达现场。魏然老师曾经帮助过国内很多博物馆布展，的确是名副其实的专家。他平时很谦卑，一到现场却指挥若定。他一来，布展的程序、步骤、材料、设计、分工、效果等，一下子就全明白、全理顺了，布展各方就听他的指挥干活就行了。

没有搬运工，我们自己就是搬运工。光是刻着牦牛名称和牦牛图案的石刻就有几吨重，由于事先没有精确计算，搬到楼上，超出承重设计，只好一块一块地又搬到楼下。幸亏我们从网上订购了几台推车，不然就只好用牦牛来驮了。

没有专业洗涤，我们把需要入馆的牦牛毛绒制品，拿到柳梧沟里的一条小河去清洗，那是从雪山上融化的雪水，冰冷刺骨，但孩子们唱着歌儿就把这事儿给办了，我们清洗出来的毛绒毯子、垫子、袋子，有上百件，铺满了河岸，让高原强烈的阳光晒干，也是用紫外线消毒的一种方式。

在博物馆的基本展陈布展完成之前，"魂兮牦牛——臧跃军牦牛专题画展"已经完成，画展的图录已经印制完成。我勉为其难地为图录作序。

序曰：

满目皆牦牛也。遍之高原，伴之藏人。跨亘古走来，顶风雪前进。衣食住行，皆取于斯；政教商战，盖赖于斯。牦牛者，雪域之魂也。

丹青将军，演战西南，独倾牦牛，魂绕梦牵，浓墨重彩，实乃崇牦牛之精神，曰憨厚，曰忠诚，曰悲悯，曰坚韧，曰勇悍，曰尽命也。

以老兵之情怀，汲民间之艺术，既传承且创新，于融汇显独特。有山川之雄风，有牧妇之雅美，有风云之流舒，有斧刻之庄重。犹闻牧歌声起，又感军号嘹亮。有情众生，莫不动容也！

这时候，从日喀则借调来的扎平、从山南借调来的次多、从浪卡子借调来的索朗扎西、从当雄借调来的普赤、从江孜借调来的普吉，虽然手续还没办，但人已经到位了，他们跟筹备办的其他人员一起，投入到开馆前的紧张工作当中。

所有的承包商，都有自己的利益考虑，不可能像我们这样的甲方，无私无利，只想着博物馆这一件事。清尚设计院和天图公司，虽然做出了一个很好的装修展陈方案，但与我们总会在质量、速度方面出现矛盾。有的事情，我们一厢情愿地提出要求，得到的回答总是：好好好，吴老您放心。可说了几次几十次，就是解决不了。我大为光火，甚至动了拳脚。工地一时间传开了："吴老60岁了，还跟人打架呢！"

龙冬受我委托，作为布展的总协调。我说，布展这摊事，我就不管了。但我怎么能不管呢？还是频频出现在他们的讨论组里。后来，龙冬一见我就嚷嚷："你怎么又来了？你一来我们就紧张，你能不能不来啊？"

随着"5·18"的临近，各个工种、各个工序、各支队伍，都在工地交会，日日夜夜，忙乱不已。一天夜里，我和龙冬走出工地，看着高原的明月映照的博物馆建筑，里面还是灯火通明，不由得感慨："真像是月光下的战争啊！"

5月16日，最早支持牦牛博物馆创意，并一直在帮助我的韩永到达拉萨。一下飞机就到还在继续布展、堆满展览材料的工地现场。韩永看了现场情况后，对我说："你现在的任务是接待。这里的活儿交给我。"他按"5·18"开馆时间，以小时为单位倒计时，每小时完成什么，来进行安排。

开馆筹备活动的各种事务又堆在眼前了。

首先是活动名称的问题。中央要求不准搞形式主义，但并不是说任何形式都不能搞啊。活动名称报告上去，这个名称就被否决了，不能叫"开馆仪式"，只是叫作"综合文化活动"。而且，活动规模要控制在300人。可是我们从西藏以外请的客人就不止300人，到时候，总不会派人到现场去数人头吧。

最为头痛的是邀请人员名单。从布达拉宫广场处调来的拉姆，闫兵七星微网公司的志愿者小组，专门制作了一个软件，把拟邀请人员分为区外、区内（区内又要分为市内和市外）两大类，又要分为需要报销旅费和自费的；需要住宿的和不需要住宿的；发出邀请后，接到回复确认的和没有回复确认的。其中，还有省部级领导干部（由市政府接待），需要特殊照顾的老同志，等等。

那些天，我每天要接二三百个电话。拉姆本来长于行政事务，到最后累得嗓子已经不能发音了。

另一个问题是，由于中央八项规定，领导干部参加公开报道的活动，要经过一定程序批准。我们对那些曾经给予牦牛博物馆筹备以支持的领导，是否邀请，是否能够光临，煞费了一番苦心。我们考虑，如果不邀请，那算我们不懂事；如果来不了，他有他的理由，我们也理解。

于是，我们在发出邀请的同时，加发了一条短信：

西藏牦牛博物馆将于"5·18"开馆试运行，当天上午10点半将举行群众性文化活动。您对我们的筹建工作一直关心支持，对此深怀感激，特邀请您参加。我们知道，作为高级领导干部，出席活动有一定规定和程序，但此次活动，不安排领导坐主席台，不设桌签，不作为领导活动报道。如您能通过有关程序前来，我们非常高兴；如能作为周日个人活动参加，我们非常欢迎；如果实有不便，我们虽感遗憾也非常理解。为了做好活动安排，务请您回复。

5月1日，我们接到通知，自治区主席洛桑江村率分管副主席及有关部委负责人到牦牛博物馆考察调研，拉萨市市长张延清陪同。主席关切地问到博物馆建成后运行起来还有什么困难，并现场解决了公益性岗位的指标问题。

在"5·18"之前，自治区副主席多吉次珠等领导分别来到博物馆工地视察。这就是说，"5·18"那天，他们将不会出席开馆仪式了。

5月16日，自治区党委常委、组织部部长梁田庚来到工地视察，这时距离开馆只有一天时间了。当时他看到的工地，还在紧张施工，担心一天后能不能开馆，我说，一定能。梁部长走后发来一条短信：

　　亲爱的亚格博，看过未完工的展馆后，对您深怀敬意，对博物馆的思想和内涵十分赞赏，对把该馆打造成富有特色的高端博物馆充满信心。谢谢您为西藏、为藏民族、为牦牛家世所做的非凡贡献！

37

5月17日，来自各方的客人陆续到达。

从藏北草原申扎县来的牧民日诺到达。

那曲地区比如县的牧民才崩放弃挖虫草的黄金时间，到达拉萨。

国家文物局原局长、故宫博物院院长单霁翔到达。

中国藏学研究中心副总干事洛桑·灵智多杰到达。

北京市委副秘书长秦刚率领的北京市党政代表团到达。

各方朋友来拉萨参加开馆活动

《光明日报》副总编辑、老西藏刘伟到达。

老同事，北京文联党组书记陈启刚率首都文艺家演出团到达。

老同事，北京网信办主任佟力强率首都网络代表团到达。

老同事，北京社科联党组书记韩凯率首都社科界博物馆学专业代表团包括我的老朋友、孔庙博物馆馆长吴志友到达。

在万里牦牛之旅中给予我们帮助的多康地区的朋友杨学武、江永、彭扎、尼玛江村到达。

多识仁波切的代表、藏人文化网 CEO 才旺瑙乳到达。

　　我的原单位，北京出版集团公司党委书记兼董事长钟制宪及同事李清霞、韩心丽、刘庆华、安东、韩敬群、陈东捷、宁肯、袁海、程九刚、章德宁、董维东等一行到达。

　　百道网总裁程三国夫妇到达。

　　牦牛学专家闫萍教授到达。

　　广东省的捐赠人、普思摄影器材公司总裁赵令杰到达。

　　曾经在高原同甘共苦的老西藏马连义一家、王军波一家、翟向东、朱明德等人到达。

　　那些曾经关心、支持、帮助过牦牛博物馆的各地朋友们陆续到达。

　　……

　　一整天，我往返奔波在从拉萨市区到贡嘎机场的路上。

　　通过北青传媒的谷峪和谭奇志，在成都、拉萨、林芝等机场免费播放了我们牦牛博物馆的广告。

　　贡嘎机场为我们的贵宾开设了 VIP 通道。

　　杨学武老州长曾于两年前来拉萨时在机场因为民族成分受到长时间盘查而发誓不再来拉萨，这次走下飞机舷梯看到 VIP 接待员举着的牌子写着他的名字，激动万分。他知道从首都北京、从藏区各地来了很多客人，说："为了一个博物馆，为了牦牛，聚合这么多人，历史上恐怕还没有过吧？"

　　在西藏宾馆贵宾楼，新朋老友无不感叹，因为牦牛，他们才有机会相会在高原圣城拉萨。

晚上，我再次赶到牦牛博物馆，那里，仍然灯火通明。场外在搭建会场，负责场外布置的卓玛还在忙碌着，场内则进入了最后清洁阶段，清尚的章铭威和天图的蒋冠雄告诉我，明天天亮前能够完成。

"5·18"开馆，没有问题了！

这个晚上，最后的工作是，再温习一遍开馆致辞的藏语文版。

作为西藏牦牛博物馆的馆长，我本人的开馆致辞，考虑再三，几易其稿。如果说一通感谢的话，意义不大；如果说一通政治正确的话，更是不靠谱。还是要有博物馆馆长的角度，这是要留在历史上的东西，别让后人笑话，最后准备的是下面一段文字，并且让女儿桑且拉卓翻译成藏文。

各位领导、同志们、朋友们，大家好！

大约 300 万年前，原始牦牛的最早祖先出现在我们这个星球上。

大约 3 万年前，我们人类开始驯养野生动物，创造畜牧文化。

大约 3000 年前，青藏高原的人们将野牦牛驯养成了家牦牛。藏族驯养了牦牛，牦牛养育了藏族。这是人类文明进程宏伟篇章中的一个传奇故事。

3000 多年来，牦牛与高原人相伴相随，创造了包括物质生活和精神生活的丰富多彩的牦牛文化。正如十世班禅大师所说，没有牦牛就没有藏族。

3 年前，为落实中央第五次西藏工作座谈会精神，作为中华民族特色文化——藏文化保护地的标志性工程，北京市重点援藏项目之一——西藏牦牛博物馆开始筹建。

3 年来，我们得到各级领导、各方朋友，特别是基层群众的支持，我们像牦牛一样地工作。

今天，在第 38 个国际博物馆日，我们将走进这座还没有完全竣工的博物馆，看到一个粗略的牦牛文化巡礼，展示了高原劳动人民的智慧和创造。

我们希望，通过这座博物馆，牦牛历史得以记忆，牦牛文化得以保存，牦牛精神得以传承。我们所说的牦牛精神就是：憨厚、忠诚、悲悯、坚韧、勇悍、尽命。

谢谢大家。

我拿着藏文稿又念了一遍，相信自己能够用标准的拉萨音念好。

这时，窗外已经是黎明了。东方已经泛出了曙光，这会是一个好天气。

38

2014 年 5 月 18 日。

从我 2011 年 6 月 7 日进藏，到今天还不到 3 年时间。从北京上庄的那个梦，到一个 PPT，再到眼前的这座博物馆，经过了多少事，走过了多少路啊。后来听说马云有一句话："梦想还是要有的，万一实现了呢？"我们的牦牛博物馆就是这个"万一"，我就是这个"万一"。我不但是这个"万一"，而且还算是"万幸"——万幸 2011 年我在那次事故中没有丧命，万幸我遇到那么多关心支持帮助我的人！

牦牛博物馆门前的会场，是临时平整出来的。我们特意找了几幅喷绘画作来当背景，其中最醒目的是主席台右边的那幅，是王沂光先生的画作，我是在网上找到他的，他的作品早已被人收藏，但他授权我，可以复制。画作原名叫"晨光"，我称其为"当牦牛遇到数码时代"，同时喷绘上"中国梦 西藏故事 牦牛传奇"，并写上："鸣谢北京出版集团公司！"另外的几幅，分别是鸣谢中国人民解放军西藏军区军史馆、西藏博物馆、布达拉宫管理处、罗布林卡管理处的。

西藏七星微网公司、罗布林卡管理处、西藏亚车队、西藏天路集团、西藏户外协会派出了共计 48 名志愿者支援我们的开馆活动。

从早晨 9 点开始，就有穿着鲜艳民族节日服装的群众开始入场了。除了我们邀请的朋友外，许多拉萨市民也闻讯赶来。

说是 300 人的规模，实际上到场的超过 1000 人。

现任自治区副主席格桑次仁，是我在藏北工作时的老同事。他说："我一定要参加，以个人身份，让老婆开着私车来参加！"

自治区党委常务副书记吴英杰绕开了参加仪式这一环节，直接到博物馆参观。

这一天，我们算是开了一个先例，所有领导，无论级别，都坐在台下，而且不设桌签，不做介绍。实际上，当天到场的省部级干部还有中华文化促进会党组书记李诗洋、西藏军区副司令员臧跃军、自治区政协副主席德吉措姆、西藏军区原副政委杨双举，地厅级干部则更多。我们安排坐在主席台的，是农牧民捐赠人、专家学者代表。

拉萨市委副书记、北京援藏指挥部总指挥马新明主持活动。

当我用藏语念了第一句："各位领导、同志们、朋友们，大家好"，全场一片掌声，有的藏族老人甚至流下眼泪。我用藏汉两种语言致辞，绝对不是哗众取宠，而是对一个民族地区人民和文化的最基本的尊重。

活动包括拉萨市市长张延清讲话、北京市委副秘书长秦刚讲话、本馆顾问洛桑·灵智多杰致辞，社会各界捐赠人现场捐赠，《十月》杂志向征文获奖者颁奖，《感恩与探索　高原牦牛文化论文集》发行，西藏牦牛博物馆开馆纪念邮票发行，"魂兮牦牛——臧跃军牦牛专题画展"开展，北京电视台《雪域之魂》纪录片开机，等。

西藏牦牛博物馆特聘顾问、故宫博物院院长单霁翔的即兴致辞让在场者无不动容，他不是官员讲话，更像是一个博物馆专家的致辞。

致辞如下：

今天是一个吉祥的日子，是一个美好的日子。我们迎来了牦牛博物馆的开放，这是一件非常令人感动的事。3年多前，我到牦牛博物馆的筹办处去看的时候，吴雨初先生在一间小房子里面，只有两位志愿者，我确实为他捏了一把汗。

但今天，在我们拉萨市委市政府、北京市委市政府的重视和支持下，牦牛博物馆以这样快的速度就开放了。我做了 10 年国家文物局的局长，推动了很多博物馆的建设和开放，但没有一个博物馆，它的建设过程如此感人。

那么，参加了今天这样的活动，我有一些感受：

第一，我觉得，就是牦牛博物馆带给我们的智慧。今天我们进入到一个建设博物馆的高潮，有的报道说两天就有一个新的博物馆建成，但是一些博物馆它在建设之初没有很好地和地域文化、传统文化结合，而是一个形象工程，开馆以后没有能够成为人们生活中的一片绿洲、一个精神的家园。但是牦牛博物馆选择了这样一个主题，我今天有幸先睹为快，到展馆里面去参观了，非常感动，有着博大精深的文化情怀。牦牛跟人类一样，都有着 3 万多年的历史，它和人们今天和谐共处，创造着我们独特的地域文化，因此我说它填补了我们国家博物馆的一个空白，是全世界独一无二的一座博物馆。

第二，参加今天的活动，给我们一个崇高的感受，我们的博物馆做什么呢？我们的博物馆应该融入民族文化的生活之中，它不是高高的文化殿堂，而就是人们生活中的一个不可缺少的存在。你看那么多的捐赠者，能够带着自己家里面珍藏的一些牦牛制品和牦牛文化的这些内容的藏品，义无反顾地捐赠给牦牛博物馆，这是在博物馆开放的时候我很少看到的情景，一般都是领导讲话完了，剪彩就结束了。但是我们这个博物馆一开始就扎根于民众文化生活之中，一开始就在我们的人民群众中有着美好的一个愿望，叫它越办越好。所以我觉得，这种崇高是一种大爱，是一种博爱。

　　第三呢，就是今天参加这个博物馆开馆活动，我感受到一种责任，比如吴雨初先生，他在北京应该说是高官厚禄啊，那工资比我要高得多啊，是出版集团的。义无反顾地在 57 岁高龄的情况下再一次来到雪域高原，你说他串联起这么多人来，为什么我一定要来。今天是国际博物馆日，全国的博物馆都雪片般地邀请我们参加各个活动，今天我们故宫博物馆也是获得了国家创意博物馆奖，我都没有去参加，我觉得今天全国的博物馆日，上千个活动，最感人的，就是今天牦牛博物馆的活动。体现了我们文化工作者也好，我们建设工作者也好，我们的责任，就是要为人民奉

西藏牦牛博物馆开馆

故宫博物院院长单霁翔致辞

献，给他们最好的精神食粮。我觉得在这方面非常令人感动，不虚此行，谢谢大家。

紧接着，牦牛博物馆揭牌。请农牧民捐赠人、专家学者、顾问代表揭牌。

牦牛博物馆开馆，这是一个历史性的镜头，因为牦牛博物馆的真正主人是他们。

那么多高原人，看到了自己的传统在这里被保护传承。

那么多捐赠人，看到了自己捐赠的物品在这里展出。

那么多支持者，看到了自己支持的事业在这里成功。

那么多关心者，看到了自己曾经的忧虑在这里释然。

那么多由衷的祝贺与赞扬，让几年的艰辛、郁闷变成了泪水与欢笑……

最先走进博物馆的，是我与牧民捐赠人才崩、日诺

在开馆活动现场

39

　　开馆试运行成功后，一些后续工程在继续，但在施工过程中，保留了预约参观。虽然我们还没有正式对外开放，但对一些远道而来的基层群众、对一些从内地来的远方客人，不忍心让他们闭门而还。

　　那曲地委召开基层干部培训会议，用大轿车拉着一车人，没打招呼就直接来到了牦牛博物馆，我们立即让工人暂停施工，以便于他们参观。

　　嘉黎县的牧民和基层干部，听说牦牛博物馆的创意人曾经在嘉黎县工作过，也是一大车人，蜂拥而来，参观之后，很是以我为嘉黎县的自豪。

　　那个天才牧民曲扎终于也来了。开馆时，他正在山上挖虫草呢。他带着老人孩子一家三代，像朝拜似的来了。曲扎看到已经建成的牦牛博物馆，万分的惊喜，觉得这也是圆了他的一个梦。来到他自己绘就壁画的那个厅，脸上扬起了不无骄傲的笑容。

　　我的老朋友吕国平参观牦牛博物馆后感叹道："这是对一个伟大民族的伟大功德！"

有观众感叹："牦牛感动中国！"

四川囊塘藏瓦寺的觉囊派法王健阳先生也来了。他遗憾上次没能在他的寺庙里接待我。看着牦牛博物馆，非常惊讶："啊，这么大啊！"我笑笑说，没有你的寺庙大。他在我们展出的喇嘛帐篷里坐下，念了一段经，也算是给这个帐篷做一次加持。健阳先生还表示，一定要亲自做一件牦牛艺术作品捐赠过来。

最早给我精神和经费支持的蔡赴朝，后来从北京市调任中央宣传部副部长兼国家新闻出版广电总局局长。他专程来到拉萨，参观牦牛博物馆。他一边观看，一边

最早支持牦牛博物馆的蔡赴朝前来参观指导

感叹: "雨初啊,你来做牦牛博物馆,我想会是很好的,但没想到是这么好! "

　　10 月 16 日,北京市党政代表团来到拉萨。团长便是西藏的老书记,现任中央政治局委员、北京市委书记郭金龙。他率领代表团全体成员,在西藏自治区党委书记陈全国、自治区主席洛桑江村、拉萨市委书记齐扎拉的陪同下,走进牦牛博物馆,坐在场景复原的牦牛毛帐篷里,说: "老西藏,你干了件好事啊! " "这个牦牛博物馆,其实就是一个西藏文化博物馆啊。" "你们下一步,一是要继续征集藏品,

北京市党政代表团在自治区领导陪同下参观考察西藏牦牛博物馆

二是开展研究工作。"

随着新闻媒体的不断报道，预约式参观已经不能满足当地群众的要求了，每一天，都有群众前来要求参观，此时，我们的后续工程也已经基本完成。

我们决定，自 2014 年 11 月 11 日起，正式对社会免费开放。

2015 年初稿于"十月作家居住地·布拉格"

2015 年 9 月修改于拉萨

附一：

西藏牦牛博物馆筹建大事记

2010 年 10 月，形成牦牛博物馆的创意。

2010 年 12 月 29 日，向时任北京市委常委、宣传部部长、副市长蔡赴朝同志征求意见，得到肯定和支持。

2011 年 1—3 月，先后征求时任自治区副主席洛桑江村、自治区原党委副书记丹增、中国藏学研究中心副总干事洛桑·灵智多杰意见，得到支持和肯定。

2011 年 1—3 月，向首都博物馆界专家征求意见。

2011 年 3 月 31 日，时任北京市市长郭金龙听取汇报，得到其肯定和支持。

2011 年 4 月 7 日，时任中央政治局委员、北京市委书记刘淇听取汇报，得到其肯定和支持，并于当日做出批示，认为这个"设想有创意，丰富了支持拉萨的工作内涵"，要求"研究给予支持的措施"。

2011 年 4 月，向老西藏、西藏自治区原党委书记、第二炮兵副政委阴法唐，西藏军区原司令员、北京军区副司令员姜洪泉汇报牦牛博物馆创意。

2011 年 4 月 29 日，向北京市委支持合作领导小组办公室汇报，此时，北京市委已经决定将牦牛博物馆纳入北京援藏项目。

2011 年 5 月 11 日，北京援藏指挥部总指挥、拉萨市委副书记贾沫微在北京商定将牦牛博物馆纳入到已经设计好的拉萨市群众文化体育中心——该项目是迄今为止体量最大、投资最多的援藏项目。

2011年6月5日，北京市6位省部级领导（国家体育总局党组书记李志坚、北京市人大常委会主任杜德印、中央党史研究室副主任龙新民、国家广电总局局长蔡赴朝、国家文物局局长单霁翔、中国奥组委副主席蒋效愚）和9位局级领导听取牦牛博物馆创意汇报，单霁翔局长当即表示：这座博物馆建成，将是"国内填补空白、世界独一无二"。

2011年6月7日，北京市委副秘书长秦刚与牦牛博物馆创意人吴雨初飞赴西藏。

2011年6月8日，与西藏拉萨市领导会见，专题研究牦牛博物馆事宜，时任拉萨市委书记秦宜智、时任拉萨市市长多吉次珠，对此高度评价，决定成立领导小组。见拉萨市人民政府专题会议纪要〔2011〕80号。

2011年6月9日，时任自治区副主席邓小刚、德吉会见，并听取汇报。

2011年6月19日，自治区常务副主席吴英杰听取牦牛博物馆工作汇报。

2011年8月1日，国家文物局局长单霁翔进藏，调研牦牛博物馆筹建事宜，时任自治区党委书记张庆黎，时任自治区主席白玛赤林、副主席甲热·洛桑丹增分别会见，并了解牦牛博物馆相关情况。

2011年8月18日，中国藏学研究中心副总干事洛桑·灵智多杰及研究人员在拉萨研究牦牛博物馆的藏文名称问题。

2011年8月21日，在第三届中国西藏文化论坛上介绍牦牛博物馆的创意。

2011 年 8 月 31 日，时任北京市常务副市长吉林为包括牦牛博物馆在内的拉萨市群众文化体育中心奠基。

2011 年 9 月 7 日，牦牛博物馆创意人因意外事故身负重伤。

2011 年 9 月 21 日，自治区党委常委、拉萨市委书记秦宜智批示，由北京援藏指挥部与拉萨市人民政府联合组建牦牛博物馆筹备办公室。副市长计明南加任主任，吴雨初任副主任。

2011 年 10 月 17 日，接北京市委通知，任命牦牛博物馆创意人吴雨初为北京援藏指挥部副指挥、党委委员。

2012 年 2 月 15 日，牦牛博物馆展陈大纲专家论证会在北京举行。国家文物局博物馆司、北京市文物局、拉萨市人民政府、北京援藏指挥部及各方专家参加会议。

2012 年 3 月 17 日，到贡嘎县吉那村 6 组拍摄"二牛抬杠"春耕仪式。

2012 年 5 月 8 日，到班戈县德钦镇 7 村拍摄牦牛产犊。

2012 年 6 月 6 日，到珠峰绒布寺拍摄牦牛礼赞仪式。

2012 年 7 月 19 日，中宣部副部长、国家广电总局局长蔡赴朝在拉萨听取牦牛博物馆进展情况汇报。

2012 年 8 月，筹备办工作人员到基层进行为期一周的田野调查。

2012 年 9 月 6 日，91 岁高龄的西藏历史学家恰白·次旦平措先生受聘牦牛博物馆顾问。

2012 年 9 月 25 日—11 月 9 日，筹备办工作人员到青海、四川、甘肃和西藏的那曲、阿里等牦牛产区进行田野调查，行程达 12000 多公里。此后又多次实地考察并征集藏品，总计行程近 30000 公里。

2012 年 11 月 28 日，在北京举行牦牛博物馆展陈设计方案专家评审会，北京援藏指挥部领导及各方专家参加会议。

2012 年 12 月 21 日，西藏自治区文物局正式行文，批准设立西藏牦牛博物馆。

2013 年 3 月 1 日，西藏自治区文物局行文《关于支持牦牛博物馆建设的通知》。

2013 年 4 月 18 日，西藏自治区主席洛桑江村听取关于牦牛博物馆机构编制的汇报，随后，5 月 22 日自治区编委下达批复，同意西藏牦牛博物馆为副县级建制，为全额拨款的公益性事业单位。

2013 年 5 月 8 日，自治区党委常委、统战部部长公保扎西听取牦牛博物馆汇报。

2013 年 5 月 18 日，世界博物馆日，西藏牦牛博物馆在施工现场举行以"感恩牦牛　记忆创造"为主题的接受社会各界捐赠仪式，有 40 多位牧人、军人、僧人、商人、退休老人、海外友人捐赠藏品，自治区和拉萨市领导参加。

2013 年 5 月 31 日，北京市副市长张延昆到牦牛博物馆办公处听取汇报。

2013 年 6 月 20 日，全国政协提案委员会副主任阳安江到牦牛博物馆工地现场考察。

2013 年 7 月 26 日，随自治区党委常委、纪委书记金书波赴阿里进行为期 12 天的田野调查。

2013 年 8 月，牦牛博物馆主体建筑结构通过验收。

2013 年 8 月 21 日，第十届全国人大常委会副委员长热地视察牦牛博物馆，随后又两次听取汇报。

2013 年 8 月 30 日，自治区原主席列确、自治区原党委副书记巴桑等离退休省部级领导视察牦牛博物馆建设工地。

2013 年 9 月 6 日，举行"感恩牦牛　记忆创造"为主题的次仁扎西先生个人专场捐赠仪式，他个人一次捐赠牦牛相关藏品 86 件，拉萨市委、市政府领导为其颁发第一位荣誉馆员证书。

2013 年 9 月 20 日，牦牛博物馆筹备办邀请索南航旦、次仁扎西、娘吉加等专家对征集和捐赠的藏品进行评鉴，专家对藏品给予了较高的评价。

2013 年 11 月 14 日，故宫博物院院长、中国文物学会会长单霁翔受聘为西藏牦牛博物馆顾问。

2013 年 11 月 26 日，北京大学常务副校长吴志攀教授受聘为西藏牦牛博物馆顾问。

2013 年 11 月 27 日，中国文联副主席丹增受聘为西藏牦牛博物馆顾问。

2013 年 12 月 5 日，自治区党委常委、拉萨市委书记齐扎拉听取牦牛博物馆工作汇报。

2013 年 12 月 11 日，自治区党委常委、组织部部长梁田庚到牦牛博物馆工地视察。

2014 年 1 月 19 日，自治区党委副书记邓小刚、自治区副主席多吉次珠、拉萨市市长张延清听取牦牛博物馆工作汇报。

2014年1月23日，甘肃省天堂寺第六世活佛、西北民族大学博士生导师多识仁波切受聘为西藏牦牛博物馆顾问。

2014年2月6日，西藏自治区原党委书记阴法唐、西藏自治区原主席多吉才让、西藏军区原司令员姜洪泉等老领导分别听取牦牛博物馆工作汇报。

2014年2月21日，拉萨市委、市人民政府聘吴雨初为西藏牦牛博物馆馆长。（拉政发〔2014〕20号）

2014年3月4—10日，筹备办全体工作人员在北京市社科联博物馆学会及北京市文物局支持下到北京参加培训。

2014年5月1日，自治区主席洛桑江村率副主席孟德利、副主席甲热及有关部门负责人在拉萨市市长张延清陪同下，考察即将开馆的牦牛博物馆。

2014年5月6日，自治区副主席多吉次珠考察牦牛博物馆。

2014年5月8日，牦牛博物馆筹备办全体工作人员会议，要求10天内完成开馆前的所有任务。

2014年5月15日，藏跃军牦牛专题画展布展完成。

2014年5月16日，自治区党委常委、组织部部长梁田庚考察牦牛博物馆。

2014年5月17日，前来参加西藏牦牛博物馆开馆仪式的各地嘉宾到达拉萨。

2014年5月18日，世界博物馆日，西藏牦牛博物馆开馆试运行。

2014年8月3日，中央宣传部副部长、国家新闻出版广电总局局长蔡赴朝到西藏牦牛博物馆参观考察。

2014年10月16日，中央政治局委员、北京市委书记郭金龙在西藏自治区党委书记陈全国、西藏自治区主席洛桑江村、拉萨市委书记齐扎拉陪同下，参观考察西藏牦牛博物馆。

2014年11月11日，西藏牦牛博物馆正式对社会公众免费开放。

附二：

西藏牦牛博物馆捐赠人名单

向所有捐赠人致以崇高的敬意！

（捐赠无论轻贵，排名不分先后，均以拼音字母为序）

A

阿佳扎西	阿建	阿杰啦
阿龙	阿妈格桑	阿它
阿塔	阿旺	阿旺达
阿旺多杰	阿旺托美	阿扎
阿扎西	安吉啦	昂强巴
昂桑	昂旺强巴	敖继红

B

巴旦	巴桑	巴桑加措
巴珠	白玛顿玉	白玛多吉
北京出版集团	北京电视台	北京日报社
北京市昌平区	北京市房山区	北京市社科联
北京现代汽车公司	边巴	边巴扎西
布培	布珠	

C

才崩	才多	蔡海英
蔡立	才让	常岩
车刚	陈百忠	陈科习
陈业	成林旺姆	春江
次崩	次成顿旦	次旦卓嘎
次吉	次仁	次仁久美
次仁罗布	次仁扎西	次旺扎西
措热	寸春宝	

D

达次	达瓦旦增	达娃扎西
戴飞	丹增次旦	旦增达杰
旦增晋美	旦增拉姆	旦增旺布
旦增旺杰	旦争达杰	德珍
冬龙	东智	多吉次珠
多钦	多识仁波切	多珍

E

俄杰

F

范久辉	方杨	冯峰
冯祖华	付俊	福娃扎西

G

嘎达	嘎达尔	噶举旦杰
嘎玛·多吉次仁（吾要）	嘎玛坚参	嘎玛坚赞
岗珠	葛程蓉	格尔力图雅
格桑次仁	格桑朗杰	格桑尼玛
葛裕涛	贡布	广东普思贸易有限公司
郭桑		

H

韩书力	胡煜琳	华彬
黄永成		

J

吉扎	嘉措	嘉黎县人民政府
加松	姜华	降拥彭措
蒋志鑫	芥子	金书波

觉果

K

| 卡布 | 堪布俄色 | 康拉翠琪 |

L

拉巴曲尼	拉萨饭店	老鱼
李刚	栗坚	李津
李俊杰	李三槐	李生云
李文东	李运熙	李知宝
梁田庚	龙冬	洛嘎
罗浩	洛桑	洛桑丹珍
洛桑·灵智多杰	洛桑扎西	罗阳
罗宗		

M

玛曲县人民政府（才干）　　　梅珍　　　　　　　　孟繁华

米玛　　　　　　　　　　　　米玛次仁　　　　　　密南

N

那曲地区公安处　　　　　　　南杰曲扎　　　　　　尼玛次仁

娘吉加　　　　　　　　　　　宁肯　　　　　　　　牛建强

努木　　　　　　　　　　　　诺尔皮

P

潘多　　　　　　　　　　　　裴庄欣　　　　　　　平措旺堆

平措扎西　　　　　　　　　　平朗

Q

强巴　　　　　　　　　　　　强巴伦多　　　　　　强巴伦珠

曲尼贡布　　　　　　曲扎　　　　　　　　群觉

R

仁青次仁　　　　　　日朗　　　　　　　　日朗木

日木朗　　　　　　　日诺　　　　　　　　阮延安

S

萨拉·次旺仁增　　　桑旦拉姆　　　　　　桑旦拉卓

上官禾　　　　　　　上影集团　　　　　　圣地招商

石桑　　　　　　　　石文江　　　　　　　首都文明办

司徒华　　　　　　　索布穷　　　　　　　索次

索朗次旦　　　　　　索朗多杰　　　　　　索朗格桑

索朗航旦　　　　　　索朗曲宗　　　　　　索朗扎瓦

索朗扎西　　　　　　索珠

T

塔布热	谭奇志	谭湘江
通嘎	土艳丽	

W

王海燕	王宏生	王健
王烈	王宁	旺青
汪仕民	王世平	王新华
王阳	王沂光	王宜文
王云	旺姆	旺扎
王之盈	维东	吴晓初
吴雨初		

X

西藏博物馆	西藏布达拉宫	西藏高山文化发展基金会
西藏军区军史馆	西藏罗布林卡管理处	西藏皮革厂

西藏人民出版社	西藏阳卓实业公司	西藏之星（奔驰）销售公司
夏天安	谢航	许应龙

Y

亚车队	闫兵	颜振卿
杨柳松	杨双举	央珍
益民	益西桑布	雍忠
雍忠卓玛	于海波	余梅
于小冬	袁新民	约翰·奥尔森

Z

臧跃军	则介	泽朗旺青
泽培	扎多	扎西
扎西次旦	扎西次仁	扎西措
扎西泽错	翟跃飞	张才刚
张洹	张建平	张金利
张军	张鹰	赵焕植

赵晓欧   郑慧云   郑义

智美旺宝   中国农业科学院   朱黎勇

朱心明   庄南燕

附三：

西藏牦牛博物馆特聘顾问专家名单

（以汉语拼音字母为序）

特聘顾问：

陈庆英　中国藏学研究中心历史所原所长　研究员　博士生导师

次仁扎西　尼泊尔籍藏族企业家　收藏家　西藏牦牛博物馆荣誉馆员

丹增　中国文联副主席　西藏自治区原党委副书记　云南省委副书记

多识仁波切　天堂寺第六世活佛　西北民族大学博士生导师

金书波　中纪委驻工信部纪检组组长　西藏自治区原党委常委、纪委书记

洛桑丹珍　西藏自治区人大常委会原副主任　收藏家

洛桑·灵智多杰　中国藏学研究中心副总干事　甘肃省人大常委会原副主任

恰白·次旦平措　著名历史学家　西藏自治区原人大常委会副主任

单霁翔　故宫博物院院长　中国文物学会会长　国家文物局原局长

吴志攀　北京大学常务副校长　博士生导师

特聘专家：

昂桑　西藏画家　西藏牦牛博物馆主题画作者

才让太　中央民族大学藏学院院长　博士生导师

陈百忠　著名台湾收藏家　学者

东智　学者　收藏家

韩永　中华世纪坛艺术总监　首都博物馆原馆长

何宗英　西藏社会科学院研究员　藏学家

龙冬　北京十月文学院常务副院长

洛嘎　动物学家　拉萨市原市长

尼玛江村　青海省玉树藏族自治州博物馆馆长

娘吉加　西藏博物馆副研究员　文物专家

索南航旦　西藏布达拉宫管理处副处长　文物专家

王宜文　西藏收藏家协会秘书长

闫萍　中国农业科学院兰州畜牧与兽药研究所副所长　全国牦牛协作组秘书长
博士生导师

约翰·奥尔森　美国亚利桑那大学人类学院院长　终身教授

则介　收藏家　八廓街古董商人

图书在版编目 (CIP) 数据

最牦牛：西藏牦牛博物馆建馆历程 / 吴雨初著.
— 拉萨：西藏人民出版社，2015.11
ISBN 978-7-223-04922-1

Ⅰ.①最… Ⅱ.①吴… Ⅲ.①牦牛—博物馆—概况—
西藏 Ⅳ.①S823.8-282.75

中国版本图书馆 CIP 数据核字 (2015) 第 244907 号

最牦牛
西藏牦牛博物馆建馆历程
ZUI MAONIU

吴雨初　著

出　版	北京十月文艺出版社	
	西藏人民出版社	
地　址	北京北三环中路6号	
邮　编	100120	
网　址	www.bph.com.cn	
发　行	新经典发行有限公司	
	电话（010）68423599	
经　销	新华书店	
印　刷	北京利丰雅高长城印刷有限公司	
版　次	2016年4月第1版	
	2016年4月第1次印刷	
开　本	870毫米×1015毫米 1/16	
印　张	17.25	
字　数	186千字	
书　号	ISBN 978-7-223-04922-1	
定　价	59.80元	

质量监督电话 010-58572393